CW00493847

Fabrizio Antonelli

L'UNIVERSO TRA LE MANI

Ascoltando il mormorio dell'infinito

Indice

Prefazione **11**

Capitolo 1 - Lo studio della volta celeste **16**

1.1 - Quanto è grande la nostra casa? 16
1.2 - Luci e onde 28
1.3 - La teoria della relatività ristretta 32
1.4 - La teoria della relatività generale 39

Capitolo 2 - L'origine del Tutto **47**

2.1 - L'espansione dell'Universo 47
2.2 – L'Universo primordiale 52
2.3 - Il fossile del Big Bang 58
2.4 - La forma dell'Universo 63

Capitolo 3 – L'architettura dell'infinito **69**

3.1 - Questioni atomiche 69
3.2 - Galeotta fu la gravità 76
3.3 - L'Universo visto da qui 91

Capitolo 4 – Le tenebre del Cosmo 101

4.1 - Divoratori di mondi 101

4.2 - L'invisibile nel visibile 118

Capitolo 5 – Dubbi esistenziali 132

5.1 - Vita extraterrestre 132

5.2 - L'umanità fuori dalla Terra 151

5.3 - Universi paralleli 164

Capitolo 6 – La chiave della conoscenza 175

6.1 - Massa ed Energia 175

6.2 - Pillole di calcolo tensoriale 184

6.3 - Equazioni di campo di Einstein 194

Epilogo 207

Bibliografia 211

Ai miei genitori, che hanno sempre sostenuto ogni mia scelta

Al mio professore di matematica del liceo, che mi ha fatto appassionare ancor di più all'astronomia, una già tanto amata disciplina

L'Universo tra le mani

Prefazione

Brivido. Una serie di piccole contrazioni involontarie di fasci muscolari, estese in tutto il corpo, irregolarmente ritmiche e assai ravvicinate. Questo è ciò che mi succede nel momento in cui penso all'intelligenza umana, alle invenzioni da noi create, alla potenza della nostra mente che, nel giro di pochi decenni, ci ha portato a conoscere parte dell'Universo, parte di ciò che sembra così esteso e irraggiungibile, facendoci sembrare importanti d'innanzi a ciò che ci fa sentire insignificanti. Il desiderio e la brama di conoscere mi hanno sempre riguardato sin da bambino: ammirando il cielo notturno ero spinto da una forte curiosità di sapere cosa fossero le stelle, cosa ci fosse oltre e come apparirebbe il nostro mondo visto da lassù, da quelle luci che brillavano sopra di me, ignaro dell'enorme distanza che ci separa da esse. Attratto dalla natura, dalle costellazioni, da quegli oggetti misteriosi chiamati *buchi neri*, crescendo ho iniziato ad avere alcune risposte, le quali però non facevano altro che accrescere in me la voglia e il desiderio di scoprire di più, portandomi ad approfondire ulteriormente l'affascinante disciplina dell'astronomia. Tutto ciò che abbiamo appreso è stato possibile grazie alla matematica, grazie alla fisica, grazie alla chimica. La prima in particolare mi ha sempre emozionato. Una disciplina così perfetta da sembrare surreale, così semplice nella sua complessità, così affascinante per la sua misteriosa natura: è una creazione umana con cui possiamo descrivere in modo accurato la realtà che ci circonda, o è invece una legge esterna all'uomo che governa il Tutto? Non c'è dubbio che Galileo Galilei sostenesse la seconda ipotesi, nonostante ritenesse che i primi principi debbano essere derivati dall'esperienza e dalle evidenze sperimentali. D'altro canto, Popper attribuiva la nascita della matematica alle menti umane, le quali hanno potuto trarre molto più vantaggio di quanto previsto. Basti pensare ai numeri primi. La prima traccia indiscutibile del loro studio è costituita dal libro *Elementi*, composto tra il IV e III secondo a.C. da Euclide. Oggigiorno, dopo millenni, non si è ancora trovato un algoritmo che stabilisca la sequenza con la quale questi misteriosi numeri compaiono. Proprio per questo motivo sono tutt'ora utilizzati nell'ambito della sicurezza informatica, sono alla base delle nostre carte di credito e della crittografia.

Indipendentemente dal pensiero di ogni singolo soggetto, c'è una verità che va affrontata e accettata: affinché possa essere approvata ed utilizzata, una teoria scientifica deve essere concorde con i dati sperimentali da essa derivanti. Nel corso della storia molte teorie sono state scartate proprio per questo motivo, come il geocentrismo, che riteneva il nostro pianeta al centro dell'Universo all'epoca conosciuto. Altre teorie sono state accettate, come la relatività di Einstein, che cambiò il modo di concepire lo spazio e il tempo: da assoluti a relativi, due concetti racchiusi in un'unica dimensione, lo spaziotempo. Altre ancora non sono state né accettate né scartate, in quanto non si hanno prove sperimentali della loro validità, ma nemmeno prove che dimostrino la loro assurdità, come ad esempio l'esistenza della quarta dimensione spaziale.

Grazie all'impegno di geniali menti che hanno dedicato la loro esistenza alla ricerca di teorie scientifiche sempre più accurate nello descrivere la realtà, l'uomo ha compiuto giganteschi passi, osservando ciò che esiste al di fuori del nostro pianeta, al di fuori del nostro Sistema Solare e al di fuori della nostra galassia. Oggi, gli astronomi hanno addirittura individuato fantastiche catene filamentose di galassie che si estendono per più di un miliardo di anni luce di lunghezza, come la Grande Muraglia Sloan. Sono le più grandi strutture della meravigliosa architettura

dell'Universo e possono essere utilizzate per prevedere il nostro futuro, mentre guardando le stelle è come se guardassimo indietro nel tempo: infatti la luce viaggia approssimativamente alla velocità di 300'000 km/s e le stelle sono poste a distanze molto elevate da noi, quindi la loro luce impiegherà un tempo finito per giungere fino a qui. Il Sole, ad esempio, dista in media 150 milioni di chilometri dalla Terra: ciò vuol dire che la sua luce impiega circa 8 minuti per raggiungerci. Dunque, quando guardiamo la nostra stella, essa ci appare com'era 8 minuti fa.
Questo bizzarro ed affascinante fatto è solo uno tra tanti che accadono nel nostro mondo, nella nostra casa in cui siamo nati e che ci ospita da millenni. In questo libro vedremo in particolare com'è nato il nostro Universo, quali strani oggetti esistono in esso, quali di questi riusciamo a osservare e quali invece sono ancora avvolti da un alone di mistero. Mistero che, con il passare degli anni, sarà lentamente svelato, portandoci ad acquisire un livello di conoscenza tale da farci percepire l'Universo appoggiato sulle nostre mani.
Prima di augurare una buona lettura pongo un interrogativo: perché l'Universo dovrebbe rispettare i meccanismi della forma logica a cui sappiamo ricorrere noi esseri umani?

Ovvero, perché la natura racconta la sua storia e comunica con noi in lingua matematica? Di questo si stupiva Einstein quando scrisse: "L'eterno mistero del mondo è la sua comprensibilità".

Tale domanda è probabilmente l'unica a cui l'uomo non riuscirà mai a dare una risposta.

Capitolo 1 - Lo Studio della volta celeste

Poiché l'universo, oltre i limiti di questo nostro mondo, è infinito, la mente umana vuole sapere cosa vi sia al di là, fin dove può spingersi con la sua intelligenza.

Lucrezio, *De rerum natura*

1.1 - Quanto è grande la nostra casa?

La storia umana è pervasa da un insopprimibile antropocentrismo e la cosmologia formalizzata da Tolomeo nel 100 d.C. ne è un'indiscutibile prova. Essa collocava la Terra al centro dell'Universo all'epoca conosciuto, che era formato dal Sole, dai pochi pianeti che si potevano vedere ad occhio nudo e dalle stelle che ruotavano intorno a noi. Successivamente Copernico, studiando il cielo con grandissima disciplina, pensò ad una soluzione alternativa che potesse descrivere con maggiore facilità il moto dei pianeti. Essa si otteneva scambiando di posizione la Terra e il Sole: nacque così la teoria dell'eliocentrismo. Il *De Revolutionibus Orbium Coelestium*, l'opera di Copernico contenente questo pensiero, venne pubblicato nel 1543, pochi mesi prima della sua morte e il suo contenuto venne ripreso da Galileo con il *Dialogo sopra i due massimi sistemi del mondo*. Nel 1633, tuttavia, fu costretto dal papa ad abiurare, in quanto la teoria eliocentrica contrastava le sacre parole della Bibbia. Solo nel 1994 papa Giovanni Paolo II, riconoscendo gli errori della Chiesa, in fatto di rispetto della scienza ha dichiarato ufficialmente nulla la condanna inflitta a Galileo.

Dunque, l'uomo è stato convinto per molto tempo di essere al centro dell'Universo e della sua stessa evoluzione, quando la Terra rappresenta solo un punto in mezzo all'infinito: ci sono oltre 400 miliardi di stelle nella nostra galassia, la Via Lattea, che è solamente una delle centinaia di miliardi di galassie che ci sono nel nostro Universo. Ogni singola stella di ogni singola galassia può avere uno o più pianeti in orbita attorno ad essa: il Sole, ad esempio, ne ha otto. La questione più difficile da comprendere è la distanza che separa tutti questi oggetti cosmici, in quanto le dimensioni a cui noi siamo abituati sono nell'ordine dei metri o al più dei chilometri, mentre nell'Universo misuriamo le distanze utilizzando gli *anni luce*, ovvero lo spazio che percorre la luce viaggiando a 300'000 km/s per un anno intero, che in chilometri equivarrebbe a un valore con dodici zeri. Per dare un'idea più comprensibile delle dimensioni del Cosmo, utilizziamo un modello in scala: se la Terra fosse un pallone da basket, la Luna, in proporzione, sarebbe una pallina da tennis posta a una distanza di circa 7 metri. Questo è solo l'oggetto più vicino a noi, un oggetto apparentemente tanto prossimo da fornirci l'impressione di riuscire a toccarlo con le mani, quando dista da noi quasi 400'000 chilometri. Continuando con il nostro modello in scala, il Sole equivarrebbe a una sfera di circa 30 metri di diametro e per posizionarlo correttamente dal pallone da basket dovremmo collocarlo a circa 3 chilometri di distanza; Giove, il pianeta più grande del Sistema Solare, sarebbe una sfera di 3 metri di diametro posta ad una distanza di 15 chilometri da quella che rappresenta il Sole.

Continuare con l'utilizzo di questo modello per descrivere ciò che esiste al di fuori del nostro Sistema Solare risulterebbe già impossibile. Possiamo allora supporre che il Sole sia il pallone da basket che precedentemente rappresentava il nostro pianeta: la Terra sarebbe allora una pallina di pochi millimetri di diametro, distante dal Sole

quasi 30 metri. La stella più vicina a noi, Proxima Centauri, distante circa 4 anni luce, sarebbe collocata a circa 7000 chilometri di distanza dal pallone da basket. Proseguire risulterebbe nuovamente impossibile: è necessario dunque rimpicciolire ulteriormente il nostro modello. Se considerassimo il Sole come un granello di polvere, di dimensioni di centesimi di millimetro, il centro della nostra galassia sarebbe collocato a circa 2000 chilometri di distanza e la dimensione della Via Lattea sarebbe di oltre 4000 chilometri; se riducessimo i 100 mila anni luce di diametro della nostra Via Lattea ad una nuvola di circa un metro, le stelle avrebbero dimensioni atomiche e la galassia più vicina a noi, quella di Andromeda, disterebbe circa 20 metri, mentre le altre sarebbero distanti centinaia o migliaia di chilometri.
Tutto ciò che siamo, tutta la nostra storia, è dunque un'infinitesima parte di ciò che è il nostro Cosmo: viviamo su un pianeta tra tanti, che orbita intorno ad una tra le miliardi di stelle della nostra galassia, che è una tra le cento miliardi di galassie che siamo riusciti ad osservare. In particolare, la nostra galassia e quella di Andromeda sono distanti più di 2 milioni di anni luce (percorrendo 300'000 chilometri in un secondo, ci sposteremmo tra le due galassie

in 2 milioni di anni) e si stanno avvicinando alla velocità di cento chilometri al secondo. La loro attrazione gravitazionale le porterà a scontrarsi tra circa 4 miliardi di anni, ma la distanza tra i corpi celesti è comunque così elevata che l'unico effetto che si potrà vedere sarà un cielo spettacolare, in cui saranno presenti le stelle di entrambe le galassie in tutto il loro splendore. In ogni caso, l'umanità non potrà assistere a tale evento, almeno non dalla Terra, che sarà del tutto inospitale. Il Sole, infatti, sta aumentando in continuazione la sua luminosità e tra un miliardo di anni sarà il 10% maggiore di quella attuale, provocando l'evaporazione di tutta l'acqua del nostro pianeta, che diventerà molto simile a Venere, un luogo caldo e secco, privo di vita.

Su scale ancora più grandi l'Universo apparirebbe come un insieme di filamenti composti da ammassi di galassie, la cui densità è uguale in tutti i punti senza alcuna direzione preferenziale: ci apparirebbe omogeneo e isotropo, simile ad una *ragnatela*, ma è una ragnatela prevalentemente nera, aggiungerei. L'ossatura spugnosa del nostro Universo, infatti, non è composta da ingredienti che riusciamo a vedere e toccare, ma è formata da gas freddi e *materia oscura*, un elemento alquanto misterioso, che non emette alcun tipo di radiazione elettromagnetica (è totalmente invisibile), e che è oscuro alla nostra mente, non sappiamo ancora cosa sia. Si suppone che questa materia che formata da particelle che debbano essere ancora scoperte e in questo libro ne approfondiremo la trattazione.

Avendo ora un'idea sulle vastissime dimensioni della nostra casa, la domanda sorge spontanea: in che modo possiamo raggiungere le stelle? Come riusciamo a spostarci da un punto ad un altro, percorrendo distanze enormi, in un tempo sufficientemente breve?

Prendiamo come riferimento la stella più vicina al Sole, Proxima Centauri. Oggigiorno siamo sicuri che attorno ad essa orbiti almeno un pianeta roccioso, sulla cui superficie è possibile la presenza di acqua liquida e, di conseguenza, rappresenterebbe un ottimo punto di partenza per missioni interstellari. Proxima Centauri dista 4,2 anni luce da noi: ciò significa che se potessimo viaggiare alla velocità della luce impiegheremmo circa quattro anni calcolati da una persona vivente sulla Terra per giungere a destinazione (come vedremo, la situazione è diversa per l'equipaggio a bordo dell'astronave). Tuttavia, per noi umani è impossibile viaggiare a tale velocità, in quanto siamo dotati di massa. Analizziamo dunque i mezzi più veloci che siamo riusciti a costruire fino ad oggi. Consideriamo, ad esempio, le sonde Voyager che, lanciate nel 1977, sono uscite solamente qualche anno fa dal nostro Sistema Solare. Attualmente si trovano ad una distanza tale per cui i loro segnali elettromagnetici necessitano di un tempo pari a 20 ore per giungere sulla Terra; la loro velocità rispetto al Sole è di circa 17 km/s, ovvero circa 60’000 km/h. Ci sembra un valore enorme se confrontato con le velocità dei mezzi a cui siamo abituati, ma è circa diciottomila volte inferiore a quella della luce: infatti se queste sonde viaggiassero verso Proxima Centauri impiegherebbero oltre 70’000 anni per giungere a destinazione, un tempo molto più lungo di quello dell’intera esistenza umana. La situazione non migliorerebbe anche se si viaggiasse alla velocità della sonda Solar Parker Probe, che detiene il record per la velocità maggiore raggiunta da un oggetto creato dall’uomo, ovvero 530’000 km/h, in quanto sarebbero necessari oltre 7000 anni per raggiungere la stella più vicina. Proseguendo su questa strada, verrebbe naturale pensare che, con il passare degli anni, l’uomo sarà in grado di costruire sonde sempre più potenti, in grado di viaggiare a velocità sempre maggiori, raggiungendo valori prossimi a quello della velocità della luce.

In realtà la situazione è molto più complessa di così. All'inizio dello scorso secolo, lo scienziato russo Kostantin Ciolkovskij mostrò l'esistenza di una semplice equazione per calcolare la velocità massima raggiungibile da un razzo che trasporti una determinata massa di combustibile, espulsa a una certa velocità. Questa equazione si basa su uno dei principi fondamentali della fisica, ovvero sulla conservazione della quantità di moto da cui, essendo una regola di funzionamento dell'Universo, non si può fuggire. Senza soffermarci sulla matematica dell'equazione di Ciolkovskij, possiamo affermare che essa spiega il perché i razzi che usiamo per inviare le sonde nello spazio siano così grandi: devono contenere una quantità enorme di propellente, che deve necessariamente essere espulsa in pochissimo tempo affinché si possa raggiungere una velocità sufficiente per uscire dall'orbita terrestre. Supponiamo di voler usare un razzo a propellente per raggiungere un venticinquesimo della velocità della luce, in modo da arrivare nei pressi di Proxima Centauri in circa un secolo. Dall'equazione di Ciolkovskij, possiamo agire solamente su due variabili: la massa del propellente e la sua velocità di espulsione. Quest'ultima, negli attuali razzi a combustibile chimico, è di circa 5 km/s: con questo limite, per inviare in cento anni anche solo un grammo di materia verso Proxima Centauri, sarebbe necessaria una quantità di combustibile più grande della massa di tutto l'universo osservabile e, inoltre, una volta giunti a destinazione servirebbe ulteriore combustibile per frenare il razzo, evitando che si schianti al suolo. Capiamo dunque che questa non è la strada corretta per arrivare a toccare le stelle. La soluzione, se non si vuole caricare quantità enormi di combustibile, sarebbe quella di aumentare la velocità di espulsione del propellente, accantonando l'energia chimica che viene utilizzata nella costruzione dei razzi odierni. A questo proposito, negli anni '50 del secolo scorso, numerosi scienziati guidati da Freeman Dyson studiarono la possibilità di utilizzare l'esplosione di bombe atomiche come mezzo di propulsione: tale progetto prevedeva l'uso di numerose testate nucleari utilizzate a catena, una dopo l'altra a intervalli definiti, in modo da raggiungere l'accelerazione desiderata. Dal punto di vista teorico, tale progetto presenta l'enorme vantaggio che potrebbe essere sviluppato già oggigiorno con le tecnologie di cui l'uomo è dotato, con costi relativamente bassi, riciclando le testate nucleari dismesse dopo la Guerra Fredda, raggiungendo un decimo della velocità della luce e completando così il viaggio verso Proxima Centauri in qualche decennio. Tuttavia, un'astronave del genere ha complicazioni che sono piuttosto evidenti, ovvero la detonazione di bombe atomiche e tutti i rischi connessi, che riguarderebbero non solo la partenza, ma anche il viaggio nello spazio interplanetario. L'idea di Dyson potrebbe però essere modificata utilizzando l'energia nucleare in modo controllato, come nel progetto Daedalus, che ipotizzava l'uso dell'enorme quantità di energia sprigionata dalla fusione nucleare. Questa volta il problema riguarda le tecnologie di cui disponiamo: non siamo ancora in grado di utilizzare questo processo, che richiede condizioni di altissima temperatura, di estrema densità e che, proprio per questo motivo, accade nei nuclei delle stelle. Attualmente si sta lavorando molto per imparare a gestire questo processo, anche al fine di generare enormi quantitativi di energia rinnovabile, diminuendo il consumo di combustibili fossili e facilitando la transizione energetica. Esistono altre due possibili alternative che sono state seriamente valutate. La prima è il *collettore di Bussard*, che sfrutta la presenza di atomi di idrogeno all'interno dello spazio interstellare, i quali verrebbero idealmente raccolti durante il viaggio per essere utilizzati come combustibile, alimentando un reattore a fusione nucleare e raggiungendo in questo modo velocità prossime a quelle della luce. Quest'idea è fattibile, ma è ostacolata sia dalla complessa tecnologia necessaria per la sua realizzazione, sia dalla bassa densità di atomi di idrogeno presente nello spazio profondo, dell'ordine di un atomo ogni pochi centimetri cubi vuoto. La seconda ipotesi è molto più realizzabile e potrebbe davvero essere la chiave per il viaggio che, in futuro, ci porterà verso Proxima Centauri: l'utilizzo della *pressione di radiazione*. Il meccanismo di tale idea è esattamente analogo a quello di una barca a vela ma, invece dei venti terrestri, si utilizzano venti solari. I fotoni, infatti, pur essendo privi di massa trasportano ugualmente una quantità di moto legata alla loro energia, che può essere trasmessa ad una superficie generando una propulsione. Affinché ciò funzioni, è necessario avere una vela molto grande, leggerissima ed estremamente riflettente, in quanto la pressione di radiazione in riflessione è doppia rispetto a quella in assorbimento. Tale meccanismo funziona brillantemente ed è già stato sperimentato con *Ikaros*, una sonda spaziale giapponese che è stata la prima in assoluto ad utilizzare una vela solare per addentrarsi nello spazio cosmico, raggiungendo addirittura Venere. In particolare, la possibilità di utilizzare la pressione di radiazione per raggiungere le stelle più vicine è studiata dal *progetto Starshot*, intrapreso dal celebre fisico Stephen Hawking e sostenuto da numerosi miliardari, che prevede l'utilizzo di una vela spinta da laser molto potenti, accelerando piccole sonde fino a raggiungere un quinto della velocità della luce, ricoprendo i 4,37 anni luce che ci separano da Proxima Centauri in circa vent'anni.

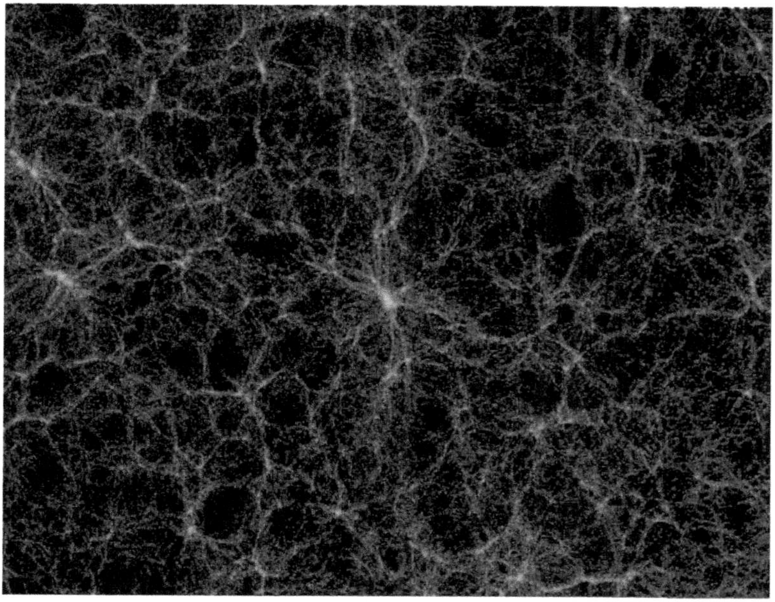

Simulazione Millennium Run rappresentante la ragnatela cosmica, la struttura che connette galassie e ammassi di galassie, formata da gas freddi e materia oscura.

Fonte e crediti: Springel, White, 2005

1.2 - Luci e onde

La luce è sempre stata oggetto di stimolo per scrittori e poeti di tutte le epoche. Nel greco antico, ad esempio, il termine *φάος* (ovvero "luce") è spesso usato all'interno di un linguaggio metaforico legato alla vita: l'espressione "vedere la luce del Sole" equivale, infatti, a "vivere". Nell'ultimo canto del *Paradiso* lo stesso Dante Alighieri incontra Dio, che si manifesta sotto forma di una luce accecante da cui allo stesso tempo è impossibile distogliere lo sguardo.

In ambito fisico, la luce è invece una delle tante conseguenze del fenomeno noto come *radiazione elettromagnetica,* con cui la natura riesce a trasportare energia tra due punti qualsiasi dello spazio vuoto attraverso la propagazione di *onde.*

Per visualizzare il concetto di onda è sufficiente prendere una corda abbastanza lunga e scuotere uno dei due estremi con una certa regolarità: le oscillazioni compiute dalla corda in un certo intervallo di tempo sono misurate dalla *frequenza* dell'onda. In particolare, quando si considera un'onda con una frequenza di 1 Hz (Hertz), ci si sta riferendo ad un'onda che effettua esattamente un'oscillazione in un secondo. L'esempio di un'onda generata da una corda in movimento ricade nella casistica di onde monodimensionali; in realtà esistono anche onde bidimensionali e tridimensionali. Un esempio di onda bidimensionale che tutti conosciamo si può osservare in vacanza, in piscina, al mare, al lago o lungo un torrente durante una passeggiata in montagna: infatti una goccia che cade in uno specchio d'acqua fa oscillare verticalmente ogni molecola di liquido attorno alla propria posizione di equilibrio, generando delle onde concentriche che si propagano in due dimensioni spaziali dal punto d'impatto con la superficie.

La distanza tra due creste dell'onda (o più in generale, tra due punti che si trovano nella stessa fase di oscillazione) si chiama *lunghezza d'onda* e si misura come rapporto tra la velocità di propagazione dell'onda e la sua frequenza.

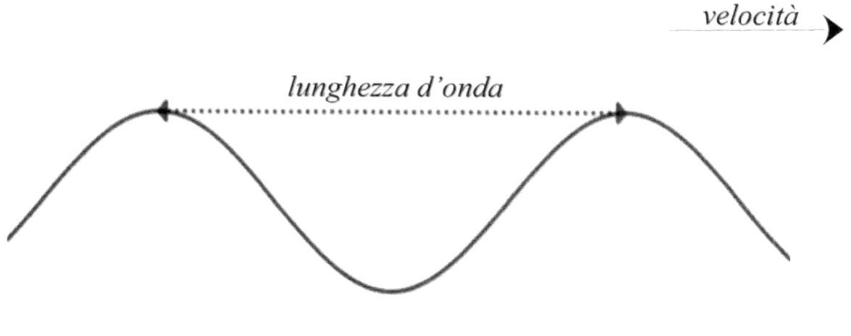

In generale, le onde possono essere di due tipi: meccaniche o elettromagnetiche. Per diffondersi, le prime hanno bisogno necessariamente di un mezzo solido, liquido o gassoso, detto *mezzo di propagazione*. Un esempio di onda meccanica è *l'onda sonora*, un'onda tridimensionale causata dalla compressione e dalla rarefazione dell'aria. Il suono viaggia alla velocità di 343 m/s e può farlo solamente in presenza di un mezzo di propagazione che, sulla Terra, è costituito appunto dall'aria. Per questo motivo gli scenari dei film fantascientifici in cui le esplosioni di astronavi nello spazio causano un boato enorme sono totalmente errati: lo spazio, infatti, è un luogo estremamente silenzioso e se al suo interno esplodesse una bomba non sentiremmo alcun tipo di fragore. Inoltre, i suoni che ascoltiamo sul nostro pianeta non sono tutti quelli che effettivamente esistono: il nostro orecchio è in grado di percepire solo i suoni con una frequenza compresa tra i 20 Hz e i 20'000 Hz, rumori con frequenze minori vengono definiti *infrasuoni* mentre quelli con frequenze maggiori vengono definiti ultrasuoni. È curioso come la natura abbia creato alcuni animali, come i pipistrelli, in grado di emettere ultrasuoni e di utilizzarli quotidianamente per comunicare e orientarsi nello spazio: il loro udito è ottimo nella banda ad alte frequenze e ciò gli permette di percepire echi anche nel momento in cui numerosi impulsi si sovrappongono. Altri animali, come le balene, utilizzano invece gli infrasuoni per comunicare anche su grandi distanze. Altri ancora, come gli elefanti, utilizzano queste onde per avvertire i loro simili riguardo a eventuali pericoli, facendole viaggiare attraverso il terreno. Analogamente, le onde bidimensionali prodotte nel mare sono meccaniche, in quanto si propagano in un mezzo specifico, ovvero l'acqua.

La situazione cambia per le onde elettromagnetiche, come la luce, che sono generate attraverso la vibrazione di campi elettrici e magnetici. Esse sono in grado di propagarsi nel vuoto, trasmettendo calore ed energia senza la necessità di un mezzo di propagazione: ecco il motivo per cui il Sole illumina e riscalda il nostro pianeta ogni giorno. Le onde luminose viaggiano nel vuoto alla velocità costante di 300'000 km/s e i nostri occhi sono sensibili solo a quelle che hanno una lunghezza d'onda nella *banda del visibile*, compresa tra i 400 e i 700 nanometri: più questo valore aumenta, più vediamo colori accesi come il giallo, arancione e rosso; più diminuisce, più vediamo colori scuri come il blu e il violetto. Onde con frequenza superiore a quella della banda del visibile possono rientrare nella banda

a infrarosso, microonde o radio, mentre valori inferiori rientrano nella banda ultravioletta, a raggi X o Gamma.
Una delle grandi scoperte di Einstein, per cui ottenne il Nobel nel 1929, fu la rivelazione della duplice natura della luce. Essa, infatti, può essere vista sia come un'onda, sia come composizione di un gran numero di particelle chiamate *fotoni.* Il quantitativo di energia trasportata dall'onda elettromagnetica dipende dunque sia dalla sua frequenza, sia dal numero di fotoni che essa contiene. Queste particelle sono prive di massa e hanno simultaneamente le caratteristiche di una particella e di un'onda, in quanto anche la sorgente più debole di luce deve emettere almeno un fotone. La natura ondulatoria della luce si manifesta in maniera molto evidente nell'*effetto Doppler*, che approfondiremo più avanti nella trattazione quando verrà esposta la materia oscura.

1.3 - La teoria della relatività ristretta

Come afferma Eraclito, una figura filosofica di riferimento dell'antica Grecia, la conoscenza giunge a noi tramite la ragione e non tramite i sensi, i quali ci mostrano una realtà caotica e dominata dal molteplice: gli eventi che accadono nel nostro mondo sono moltissimi, cambiano costantemente e prevalgono gli uni sugli altri. La sua dottrina si basa dunque sul concetto di divenire, attraverso il motto "panta rhei", ovvero "tutto scorre", in quanto il tempo avanza inesorabilmente per ogni uomo, pianta, pianeta e stella. Dunque, secondo Eraclito, è impossibile immergerci due volte nello stesso fiume, sia perché l'acqua del torrente scorre (e dunque cambia nel tempo), sia perché noi stessi, nel corpo e nell'anima, siamo soggetti a mutamento. Oltre ad essere una dimensione di cui siamo prigionieri, il tempo è anche molto curioso: non sempre si comporta come immaginiamo e la teoria delle relatività ne ha completamente cambiato la nostra concezione.

Questa teoria è stata sviluppata da Einstein ed ha rivoluzionato il modo di studiare e capire l'Universo. In questo libro non approfondiremo tutti i suoi dettagli matematici, ma attraverso degli utili esempi capiremo i suoi concetti base, indispensabili per comprendere a pieno il nostro Cosmo e ciò che affronteremo nei prossimi capitoli.

La relatività cerca di scrivere le equazioni della fisica in modo tale che siano le stesse per tutti gli osservatori. Infatti, quando i fisici iniziarono a lavorare con l'elettromagnetismo, riscontrarono numerose difficoltà ed

Einstein, in particolar modo, si domandava cosa succederebbe se inseguissimo un raggio di luce con la sua stessa velocità. La risposta a questo quesito fu clamorosa: le leggi della fisica sono invarianti in tutti i sistemi di riferimento inerziali e la velocità della luce nel vuoto è la stessa per tutti gli osservatori. Per chiarire meglio questo concetto, ricorriamo ad un esempio: supponiamo di essere a bordo di un'automobile in movimento ad una velocità costante di 20 km/h, di lanciare una pallina nella stessa direzione e verso di movimento dell'automobile, con una velocità di 10 km/h. Per una persona che sta ferma e che ci guarda dall'esterno, la pallina si muove con la velocità dell'automobile sommata a quella con cui è stata lanciata. Dunque, vedrà la pallina muoversi alla velocità di 30 km/h. Invece a noi, in viaggio a bordo dell'automobile, sembra di stare fermi, sembra che siano gli oggetti esterni a muoversi verso di noi: di conseguenza la velocità della pallina dal nostro punto di vista sarà semplicemente quella con cui l'abbiamo lanciata, ovvero 10 km/h. Con la luce, per Einstein, ciò non poteva accadere: quando accendiamo una torcia all'interno dell'automobile in movimento, per noi passeggeri la luce si muove alla velocità di 300'000 km/s, mentre per qualcuno che ci guarda da fuori la luce si muove esattamente con la stessa velocità.

Questa scoperta apparentemente innocua ha delle conseguenze incredibili sulle misurazioni del tempo. Per effettuarle possiamo utilizzare un orologio, una clessidra, oppure possiamo ricorrere a due specchi con un raggio di luce che rimbalza tra di essi, scandendo il tempo ad ogni rimbalzo. In questo caso, la distanza tra i due specchi diviso la velocità della luce ci dice il tempo che passa tra un ticchettio e l'altro. Se guardassimo la stessa clessidra luminosa ma in movimento orizzontale, potremmo notare che il percorso che la luce deve fare per rimbalzare tra i due specchi è più lungo, ma la sua velocità deve rimanere la stessa. Per percorrere un tragitto più lungo alla stessa velocità, la luce deve impiegare un tempo maggiore.

A seguire, due immagini che mostrano l'esempio della clessidra luminosa, spiegando la dilatazione dei tempi. Nell'immagine (a) i due specchi sono fermi, mentre nell'immagine (b) sono in movimento orizzontale. Si può notare che la luce, nel secondo caso, per rimbalzare tra i due schermi deve effettuare un cammino più lungo.

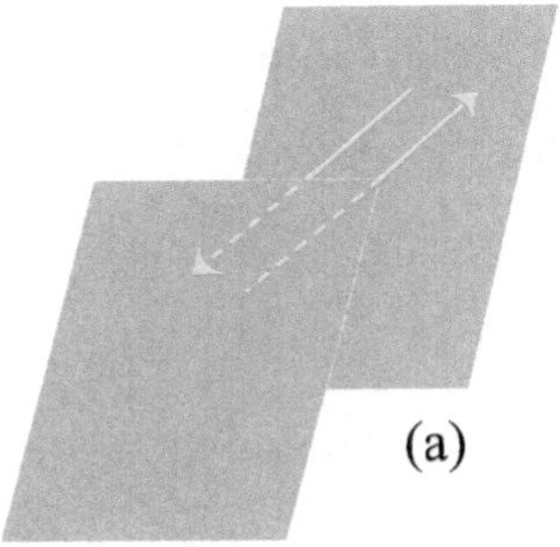

(a)

(b)

Dunque, il tempo non è assoluto: orologi in movimento ticchettano più lentamente rispetto ad orologi fermi. Con un piccolo esempio chiariamo meglio questo concetto. Consideriamo due gemelli: il primo sale su un astronave che viaggia a velocità prossime a quelle della luce, mentre il secondo resta qui sulla Terra a condurre una vita normale. L'orologio del gemello in viaggio ticchetta più lentamente rispetto a quello del fratello, che è fermo rispetto al proprio sistema di riferimento. Siccome il tempo trascorre diversamente per i due gemelli, quando il primo tornerà sul nostro pianeta dopo 50 anni terrestri vedrà suo fratello invecchiato, mentre lui sarà ancora ragazzo giovane di un tempo. Tutto ciò sembra surreale, ci appare possibile solo nei film di fantascienza, ma la realtà è davvero così. Le velocità con cui abbiamo a che fare quotidianamente sono molto inferiori a quelle della luce, per questo motivo non riusciamo a percepire la dilatazione dei tempi, ma questa teoria è stata empiricamente dimostrata utilizzando dei precisi orologi atomici: abbiamo la certezza assoluta che il tempo non scorre allo stesso modo per tutti.

Questa non è l'unica bizzarra conseguenza di quanto Einstein aveva capito: anche le lunghezze non sono assolute. Supponiamo di trovarci all'interno di un razzo relativistico, partito dalla Terra e diretto verso il sistema stellare di Alpha Centauri, distante circa 4 anni luce da noi. Il tragitto da compiere per completare il viaggio ci apparirà più breve rispetto a quello misurato da una persona che vive sulla Terra, la quale invece vedrà il razzo accorciarsi.

Il tempo e lo spazio dipendono dunque dallo stato di moto dell'osservatore: il tempo scorre più lentamente per qualcuno che si muove e oggetti che si muovono appaiono più corti rispetto a oggetti fermi. Tutto ciò discende dal fatto che la velocità della luce nel vuoto è la stessa per tutti gli osservatori. Con questa idea, Einstein riuscì a riscrivere le leggi dell'elettromagnetismo in modo che fossero le stesse per tutti gli osservatori in tutti i sistemi di riferimento inerziali, ovvero sistemi di riferimento non accelerati, in moto a velocità costante, senza variazioni di direzione.

Un altro fatto strabiliante della teoria di Einstein riguarda il valore fisico della velocità della luce, che rappresenta un limite per qualsiasi particella dotata di massa. L'energia di tale particella, infatti, cresce continuamente all'aumentare della sua velocità e diventa sempre più grande quando quest'ultima tende a quella della luce. Ciò significa che per accelerare un corpo fino a fargli raggiungere 300'000 km/s occorrerebbe un'energia infinita e di ciò siamo molto sicuri, in quanto abbiamo sperimentato questa teoria numerose volte negli acceleratori di particelle: si riesce a portarle a velocità molto prossime a quelle della luce, ma non si riesce mai a superare quella barriera. Le uniche particelle che possono viaggiare con quel valore di velocità sono dunque quelle che compongono la luce, ovvero i fotoni, dotati di massa nulla.

1.4 - La teoria della relatività generale

La relatività generale, come suggerisce il nome, generalizza i risultati della relatività ristretta ai sistemi di riferimento accelerati. Per comprendere l'idea che sta alla base di questa teoria, consideriamo due oggetti: un martello e una piuma. Se salissi sulla torre di Pisa e li lasciassi cadere nel medesimo istante, cosa succederebbe? Ovviamente il martello toccherebbe il suolo prima della piuma, ma è sempre così? La risposta a questa domanda è affermativa, per lo meno sulla Terra dove è presente l'attrito dell'aria, che è maggiore nel caso della piuma. Tuttavia, se potessimo effettuare questa prova nel vuoto, i due oggetti toccherebbero il suolo simultaneamente. Gli astronauti della missione Apollo 15 effettuarono questo esperimento proprio sulla Luna: online, per i più curiosi, è facile reperire il video originale registrato dall'equipaggio di quella missione, in cui si vede il martello e la piuma cadere a terra nello stesso istante. Ciò avviene perché l'accelerazione con cui gli oggetti cadono in un campo gravitazionale è indipendente dalla loro massa: Einstein sfruttò questa conoscenza per elaborare la sua teoria, con un'idea che egli stesso definì *la più brillante della sua vita.*

La sua geniale mente pensò ad una stanza chiusa, posta in un angolo isolato dell'Universo: se essa avesse degli oggetti al suo interno, questi fluttuerebbero poiché sono lontani da qualsiasi interazione gravitazionale, ma cosa succederebbe se la stessa stanza venisse posta vicino ad un campo gravitazionale come quello terrestre?

Essa inizierebbe a cadere verso la sorgente del campo con un'accelerazione che è la stessa per tutti gli oggetti che contiene. Ergo, se anche noi fossimo in quella stanza e non potessimo guardare al di fuori, non ci accorgeremmo di cadere poiché saremmo sottoposti alla medesima accelerazione. La situazione sarebbe analoga a quella del caso precedente, in cui la stanza è posta in un luogo remoto dell'Universo: vedremmo tutti gli oggetti fluttuare.

In questo modo, Einstein capì che i sistemi di riferimento accelerati sono equivalenti a sistemi non accelerati, ma collocati in un campo gravitazionale; la conseguenza di ciò è strabiliante, importantissima per descrivere il nostro Universo. Per spiegarla serviamoci nuovamente di un esempio. Supponiamo di essere nella solita stanza chiusa, posta in un angolo dell'Universo che non risente di attrazioni gravitazionali e di accendere un puntatore laser diretto verso la parete di fronte a noi: vedremmo la luce

propagarsi in linea retta fino a raggiungere la parete della stanza e, dal nostro punto di vista, la stessa cosa accadrebbe se la stanza entrasse in un campo gravitazionale, in quanto anche la luce risentirebbe della stessa accelerazione di gravità. Ma cosa vedrebbe un osservatore esterno?
La luce, come tutti gli oggetti in quella stanza, sta in realtà cadendo e, di conseguenza, ciò che l'osservatore esterno noterebbe non è il propagarsi del raggio di luce in linea retta, bensì il suo propagarsi seguendo una traiettoria curva. Questo fenomeno fece nascere in Einstein l'idea della curvatura dello spazio: i raggi luminosi si propagano sempre lungo la traiettoria più breve tra due punti e in un campo gravitazionale questa traiettoria non è più rettilinea, in quanto lo spazio su cui la luce si muove non è piano, ma curvo. In altre parole, possiamo considerare la gravità non più come una forza attrattiva tra due corpi, ma come conseguenza della curvatura dello spazio dovuta alla presenza di una massa: gli oggetti si muovono dunque in una regione deformata e, nel loro moto, seguono questa deformazione.
Per creare chiarezza su questo concetto, procediamo con un esempio. Consideriamo un lenzuolo: se nel suo centro appoggiassimo una sfera, esso si curverebbe. Il lenzuolo in

questo caso rappresenta lo spazio, mentre la sfera rappresenta la massa che causa la sua curvatura. Se ora facessimo rotolare una piccola biglia, questa seguirebbe la forma del lenzuolo e si muoverebbe attorno alla sfera avvicinandosi sempre di più, fino a toccarla: ciò è esattamente analogo al ruolo giocato dalla gravità. La curvatura del lenzuolo è tanto più alta quanto più siamo vicini alla sfera e quanto più è elevata la sua massa: masse più grandi curvano maggiormente lo spazio, creando un'attrazione gravitazionale più intensa. Ovviamente bisogna tenere sempre in considerazione che, in questo esempio, lo spazio è rappresentato in modo bidimensionale, mentre nella realtà è dotato di tre dimensioni spaziali.

Per riuscire ad allontanarsi dalla sfera risalendo la superficie del lenzuolo, la biglia deve avere una velocità sufficientemente elevata, esattamente come un razzo che per uscire dal campo gravitazionale terrestre (e quindi per abbandonare il nostro pianeta) deve avere una determinata velocità minima. Questa velocità prende il nome di *velocità di fuga* e, nel caso della Terra, il suo valore corrisponde a circa 11 km/s, ovvero a poco più di 40'000 km/h: se il razzo, nel momento del decollo, non raggiungesse questa velocità, rallenterebbe sempre di più a causa della gravità, fino a fermarsi, invertire la sua rotta e ricadere sul suolo terrestre.

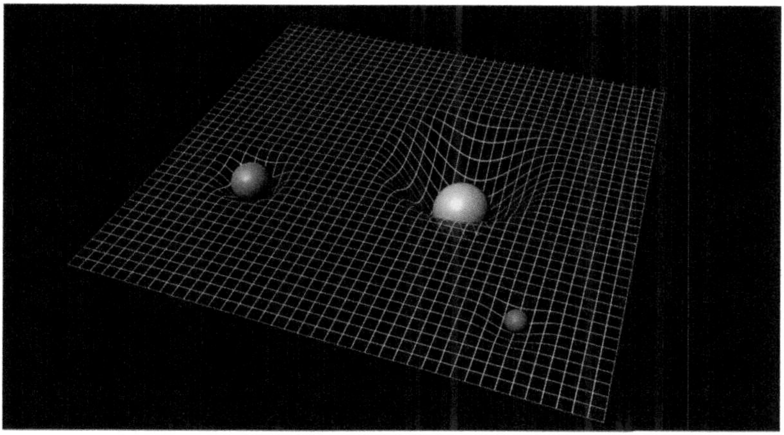

Rappresentazione bidimensionale della curvatura dello spaziotempo, il quale è invece tridimensionale, causata dalla presenza di masse, prevista dalla relatività generale.

Fonte e crediti: ESA / Christophe Carreau

In particolare, la curvatura dello spazio comporta delle illusioni ottiche riguardanti la reale posizione delle stelle: infatti una sorgente luminosa posta dietro un corpo di massa sufficientemente elevata da oscurarcene la vista risulterebbe comunque visibile. La traiettoria della luce emessa da tale sorgente, infatti, viene curvata dalla presenza di quella massa e giungerebbe dunque fino a noi, rendendo possibile la sua visione in una posizione nel cielo che non coincide con quella reale. Il corpo che deforma lo spazio in questo modo si comporta come una vera e propria lente, tanto è vero che questo fenomeno prende il nome di *lente gravitazionale*.

Abbiamo visto che una massa curva lo spazio, ma cosa accade al tempo? Vicino ad una massa l'andamento temporale è diverso: il tempo scorre più lentamente nelle zone dello spazio più curve, ovvero in prossimità di corpi con elevate densità. Questo significa che, sulla Terra, a livello del mare una persona invecchia più lentamente rispetto ad un'altra che si trova ad alta quota in montagna. Sul nostro pianeta ovviamente questo effetto è minuscolo, ma se si utilizzassero degli orologi atomici molto precisi si potrebbe notare questa differenza, per quanto piccola possa essere. Per questo motivo non è corretto parlare di curvatura dello spazio, ma di curvatura dello spaziotempo: una volta appreso ciò viene naturale domandarsi di che sostanza è fatto tale spaziotempo, se davvero è in grado di contrarsi e di modificare la sua forma.

Tutti noi, sin dalle scuole medie, siamo a conoscenza del teorema di Pitagora, il quale afferma che la somma dei quadrati dei cateti di un triangolo rettangolo è uguale al quadrato della sua ipotenusa. Tuttavia, c'è validità di questo teorema solamente in uno spazio Euclideo bidimensionale, ovvero piatto, come su un foglio di carta. Nel nostro Universo, di conseguenza, il teorema di Pitagora perde la sua validità, in quanto viviamo in uno spazio quadridimensionale che si ottiene considerando come un tutt'uno le tre dimensioni spaziali e quella temporale. Quando si parla di curvatura dello spaziotempo non bisogna pensare ad una sostanza che si deforma fisicamente, ma solamente al fatto che la geometria in cui accadono i fenomeni cambia: alcuni teoremi potrebbero perdere di validità e ciò viene misurato osservando come si rapportano distanze e intervalli di tempo fra loro. Bisogna dunque effettuare una distinzione tra realtà e descrizione della realtà: ai fisici piace molto creare dei modelli che, una volta sviluppati, permettano di descrivere in modo accurato i fenomeni che accadono attorno a noi, in modo da studiarli e comprendere a pieno il loro significato. Ciò non vuol dire però che la realtà sia fatta esattamente nel modo descritto da tale modello.

Ciò che distingue la relatività generale da tutte le altre teorie è la sua eleganza, in quanto non si tratta di una teoria quantistica, ma si basa solamente sull'affascinante idea di studiare lo spaziotempo come una struttura che curva, vibra e si deforma. Resta, tuttavia, un modello matematico con cui possiamo descrivere i concetti di spazio e di tempo in una veste chiara, affascinante e, dal punto di vista teorico, accessibile a tutti.

Capitolo 2 - L'origine del Tutto

Sia luce. E luce fu.

Genesi, 1 3

2.1 - L'espansione dell'Universo

Come abbiamo visto all'inizio del precedente capitolo, la nostra casa è immensa, le sue dimensioni vanno ben oltre ciò a cui siamo abituati a percepire. Tuttavia, il fatto più strabiliante è che le distanze tra i vari oggetti dell'Universo continuano ad aumentare sempre di più con un ritmo incessante, che non da cenno di voler diminuire.

Tale scoperta risale all'inizio del secolo scorso, quando l'astronomo americano Edwin Hubble notò che le altre galassie si allontanano dalla nostra con una velocità proporzionale alla distanza che ci separa da loro, secondo un andamento approssimativamente lineare. Ciò significa che galassie più remote si allontanano con una velocità maggiore rispetto a quelle più vicine. Da qui nacque la *legge di Hubble*, uno dei fatti di cui siamo più sicuri del nostro Universo.

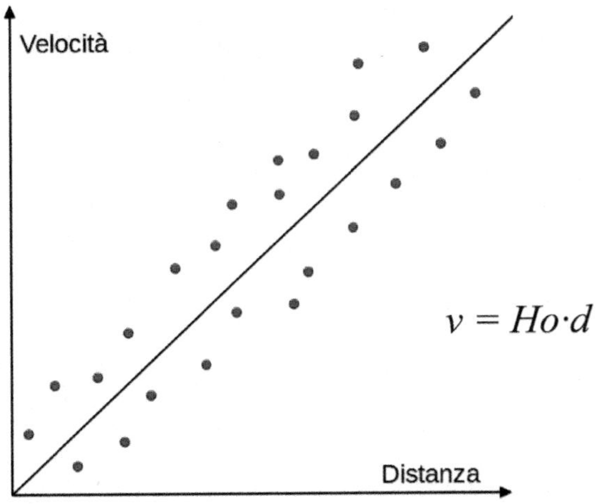

Legge di Hubble:
v → velocità della galassia considerata
Ho → costante di Hubble
d → distanza tra noi e la galassia considerata

Grafico qualitativo che mostra la legge di Hubble: la crescita della velocità di allontanamento è approssimativamente lineare all'aumentare della distanza da noi. Questa legge è stata confermata con enorme precisione dalle osservazioni più recenti.

Non dobbiamo però essere mossi da un egocentrismo umano pensando che la nostra posizione sia privilegiata, ovvero collocata nel centro dell'Universo, il punto da cui tutte le galassie si stanno allontanando: si ricadrebbe nello stesso errore di Tolomeo. Il moto dell'Universo è un moto generale che riguarda tutto lo spazio: la distanza tra due galassie qualunque cresce col passare del tempo. La

spiegazione fisica di questo fatto può essere fornita grazie alla relatività generale di Einstein, secondo cui lo spazio non è statico, ma può deformarsi e, in particolare, è in grado di espandersi.
Questo concetto può essere più facilmente compreso se si immagina di avere tra le mani un elastico che rappresenta lo spazio, su cui si disegnano con un pennarello dei puntini che rappresentano le galassie. Nel momento in cui tiriamo l'elastico i puntini si allontanano gli uni rispetto agli altri, ma non perché si spostano sull'elastico (sono infatti disegnati, non possono muoversi), ma perché è l'elastico stesso che si estende, diventando sempre più lungo. Si può notare, inoltre, che ogni puntino si allontana singolarmente da tutti gli altri e che puntini inizialmente più distanti si allontanano con una velocità maggiore rispetto ad altri inizialmente più vicini.
Ciò è esattamente quello che accade nel nostro Universo: non sono le galassie a spostarsi o a muoversi, ma è lo spazio in cui giacciono che si sta espandendo. In particolare, non esiste un centro di espansione: se osservassimo cosa accade da una qualsiasi altra galassia vedremmo tutte le altre allontanarsi da noi, esattamente come avveniva dal punto di vista precedente.

La Via Lattea e la galassia di Andromeda, come abbiamo visto all'inizio del precedente capitolo, si stanno però avvicinando. Qual è il motivo di ciò?

Semplicemente sono vicine al punto che la loro attrazione gravitazionale vince il moto di espansione dello spazio. Ma cosa accade, invece, a due galassie estremamente lontane?

Come abbiamo visto, la legge di Hubble ci dice che la velocità di allontanamento di due galassie aumenta linearmente con la loro distanza. Perciò, se una galassia fosse sufficientemente lontana da noi avrebbe una velocità di allontanamento così grande che un raggio di luce partito da laggiù non riuscirebbe mai a raggiungerci e, di conseguenza, non riusciremmo mai a vederla. In questo caso la galassia si starebbe allontanando da noi con una velocità maggiore di quella della luce. Ciò non contraddice la teoria della relatività ristretta, la quale afferma che nessun oggetto può superare la velocità della luce muovendosi nello spazio, ma questo fatto non vale per lo spazio stesso, che è la causa del moto delle galassie. Per chiarire questo concetto, torniamo all'esempio dell'elastico e consideriamo una formica. Camminando su di esso, l'insetto non potrebbe mai superare i 300'000 km/s perché si sta muovendo sull'elastico (nello spazio), ma quest'ultimo può dilatarsi a velocità anche superiori, rendendo il moto complessivo della formica dotato di velocità superiori a quelle della luce. Questo comporta l'impossibilità di osservare le galassie remote, più lontane di un certo confine e che, di conseguenza, la nostra vista è limitata solamente ad una porzione di Universo, chiamata *universo visibile.*

L'espansione dell'Universo è un fenomeno curioso che, secondo la nostra logica, dovrebbe rallentare: infatti la gravità esercitata da tutta la materia dovrebbe frenare l'espansione, esattamente come accade quando lanciamo un sasso in aria, il quale rallenta fino a fermarsi e tornare indietro. In realtà non è così. La nostra logica ci porta ad un risultato discorde con le osservazioni sperimentali: infatti sappiamo che l'Universo si sta espandendo in maniera accelerata, ma perché accade ciò? Affinché il Cosmo possa espandersi con un'accelerazione positiva, ci dev'essere senz'altro qualcosa che causa questa accelerazione, ma cosa di preciso?

Se considerassimo un volume di spazio totalmente vuoto e lo analizzassimo da vicino, si noterebbe che in realtà quella regione non è poi così vuota, in essa nascono e muoiono continuamente delle particelle elementari: quest'agitazione microscopica fornisce al vuoto un'energia, il cui effetto su

grandi scale è l'espansione accelerata dell'Universo. Tuttavia, resta un grande problema da risolvere: il valore dell'energia del vuoto che gli studiosi hanno calcolato è brutalmente diverso da quello che ci indicano le osservazioni riguardanti l'accelerazione dell'Universo.
Senza dubbio c'è molto altro che l'uomo deve ancora capire: gli astrofisici chiamano l'energia che causa l'espansione cosmica *energia oscura,* in quanto per il momento resta estranea alla nostra mente. L'espansione accelerata dell'Universo rimane dunque uno tra i tanti misteri celati nelle profondità cosmiche che la mente umana non è ancora riuscita a svelare.

2.2 - L'Universo primordiale

Nella mitologia greca tre figure mistiche, le Moire tessitrici di vita, decidevano, al momento della nascita, il destino assegnato a ogni uomo, destino che nemmeno gli dei erano in grado di modificare. Cloto reggeva il filo dei giorni sulla tela della vita, Lachesi decideva la sorte avvolgendolo ad un fuso e Antropo, infine, con lucide cesoie lo recideva cinicamente nel momento in cui sopraggiungeva l'ultimo istante, stabilendo così il principio e la fine, la nascita e la

morte. Che destino hanno scelto le Moire per l'intero Universo?
L'evoluzione del Cosmo ha avuto inizio con un evento chiamato *Big Bang* che, nella concezione collettiva, è associato a un'esplosione di proporzioni gigantesche. In realtà non è proprio così. Abbiamo visto che l'Universo si espande e che non esiste alcun centro di espansione; un'esplosione, invece, è un evento che avviene in un punto specifico dello spazio, che scaglia frammenti di materia in ogni direzione attorno ad esso. Inoltre, l'espansione dell'Universo riguarda tutto lo spazio e non solo la materia che è contenuta in esso.
Per capire com'è nato il nostro Universo dobbiamo essenzialmente ragionare sulla sua espansione, percorrendo a ritroso nel tempo ciò che è successo. Se riavvolgessimo il nastro, la distanza tra una coppia qualsiasi di galassie dovrebbe continuamente diminuire. Ovvero, se avessimo nuovamente tra le mani l'elastico su cui avevamo disegnato i pallini che rappresentavano le galassie (questa volta tenuto in tensione) e lo allentassimo piano piano, vedremmo i pallini avvicinarsi tra loro, ma non verso un punto speciale dell'elastico: ogni pallino vedrà avvicinarsi a sé tutti gli altri.

Ergo, in passato le galassie erano più vicine tra loro, ma non erano localizzate in un punto specifico: l'Universo non era più piccolo, era più caldo e più denso, ma sempre infinito. Quando si parla di *Big Bang* ci si riferisce proprio a questa fase dell'Universo in cui le condizioni di temperatura e di densità erano estremamente alte, fase che è avvenuta circa 13,8 miliardi di anni fa. Tutt'oggi abbiamo diverse prove a favore della teoria del Big Bang, l'Universo ha attraversato davvero uno stadio così caldo e così denso e l'evidenza più importante la possiamo osservare ancora oggi. Il Cosmo, infatti, ha lasciato traccia di questa fase con la presenza di una radiazione che attraversa tutto l'Universo, chiamata *radiazione cosmica di fondo*, che giunge a noi da ogni direzione, dalle estremità più remote dello spazio e che, di conseguenza, è antichissima. Quando guardiamo la radiazione cosmica di fondo è come se stessimo guardando il grandissimo bagliore che l'Universo emetteva quando si trovava in quella fase ad altissima temperatura e altissima densità. L'Universo, da quel momento ad ora, si è espanso e si è raffreddato: ciò che resta di quell'immenso bagliore è un'esile fiamma, una debole radiazione elettromagnetica nella banda a microonde che ancora oggi, dopo 13,8 miliardi di anni, si riesce a percepire.

Come abbiamo già visto, l'Universo è prevalentemente vuoto e silenzioso, il suono non si può diffondere nello spazio aperto in quanto è un'onda meccanica, e come tale necessita di un mezzo di propagazione. Nel Cosmo primordiale la situazione era molto diversa. Ai suoi albori, l'Universo era estremamente denso e uniforme, composto da quello che è definito *plasma primordiale*, un mezzo potenzialmente adatto per il trasporto di onde meccaniche da un punto all'altro dello spazio. Il Cosmo era quindi pervaso da una sinfonia celeste: zone con densità maggiore producevano oscillazioni più lente, con una frequenza minore, accompagnate da toni bassi e profondi; mentre zone di densità minore erano attraversate da onde con una frequenza maggiore, che costituivano le note più acute dell'orchestra primordiale.

Se continuassimo a riavvolgere il nastro e voler ulteriormente andare indietro nel tempo, cosa vedremmo? Teoricamente si arriverebbe ad un punto in cui la temperatura e la densità dell'Universo raggiungerebbero valori infiniti, giungendo a quella che gli scienziati definiscono *singolarità,* una situazione che non siamo in grado di trattare con la fisica attuale poiché in tali condizioni anche i concetti di spazio e di tempo crollano.

Inoltre, oggigiorno non abbiamo alcuna prova che le condizioni dell'Universo siano arrivate fino a quel punto e di conseguenza la domanda "Cosa c'era prima del Big Bang?" rimane ancora senza risposta. Non si può però affermare lo stesso sul futuro del nostro Cosmo. In particolare, sappiamo che il nostro Universo si espande, quindi la chiave per comprenderne il destino sta nel capire per quanto continuerà questa espansione, se eternamente oppure no. Nel primo caso, l'Universo diventerà sempre più vuoto e sempre più freddo, raggiungendo temperature prossime allo zero assoluto: con il tempo le stelle esaurirebbero il loro combustibile, morendo senza la possibilità di crearne delle nuove, destinando così l'Universo all'oscurità totale. D'altro canto, se l'espansione non fosse eterna, rallenterebbe sempre di più fino a fermarsi e la gravità porterebbe ad un collasso che muterebbe le condizioni dell'Universo, rendendolo sempre più caldo e sempre più denso, simile al suo stato iniziale.

Abbiamo d'innanzi a noi due possibili destini: il *grande freddo* e il *grande collasso*, *Big Freeze* e *Big Crunch.*

Se l'Universo contenesse solamente materia, l'espansione dovrebbe inevitabilmente fermarsi a causa della gravità e, per capirlo, sarebbe sufficiente misurare quanta materia è presente effettivamente all'interno del nostro Cosmo. L'Universo però non contiene solamente materia: infatti la sua espansione non sta rallentando, ma sta accelerando a causa dell'energia oscura, di cui non conosciamo ancora l'origine con assoluta certezza. Se questo tipo di energia, infatti, fosse la più semplice possibile, ovvero una costante cosmologica, allora dovremmo concludere che l'Universo continuerà ad espandersi in eterno e sempre più velocemente. Nel corso degli anni sono stati esposti numerosi altri modelli di energia oscura, ciascuno dei quali riserva differenti destini per il nostro Cosmo. Alcuni di questi, ad esempio, prevedono che la densità di energia oscura non resti costante come nel caso della costante cosmologica, provocando così delle conseguenze sulla futura velocità di espansione; altri invece prevedono addirittura un'accelerazione dell'accelerazione con cui si sta ampliando il nostro Universo, provocando dunque un'espansione esponenziale talmente violenta da disintegrare la materia. Tale scenario viene definito *Big Rip*, ovvero *grande strappo*. Al momento l'ipotesi più probabile, analizzando i dati che fino ad oggi siamo riusciti a raccogliere, è quella che prevede un'espansione eterna dell'Universo, con una velocità sempre maggiore, andando incontro ad uno scenario di grande freddo. Le stelle sarebbero dunque accomunate dallo stesso destino, ovvero esaurire il loro carburante e, lentamente, spegnersi una ad una, facendo precipitare il Tutto in una notte eterna. La temperatura del Cosmo crollerebbe e nessuna stella verrebbe più creata, causando la fine dell'Universo, accompagnata da un enorme vagito emesso nel gelo siderale. Ciò che rimarrebbe sarebbe dunque un infinito cimitero cosmico, disseminato di cadaveri stellari.

2.3 - Il fossile del Big Bang

La radiazione cosmica di fondo, come affermato nel precedente paragrafo, è la prova schiacciante che conferma la teoria del Big Bang. Questa radiazione è osservabile continuamente se si studia la volta celeste nella fascia a microonde, ovvero nella fascia di radiazioni con una lunghezza d'onda di circa 10 centimetri. La sua scoperta è stata fatta per caso nel 1964 dai fisici Penzias e Wilson, che stavano studiando delle onde radio provenienti da alcuni satelliti in orbita attorno alla Terra. Durante le loro ricerche, cercando di cancellare il rumore proveniente da altre fondi, notarono la presenza di un brusio di fondo che non

riuscivano in alcun modo ad eliminare, concludendo che doveva provenire dal Cosmo, non da fonti terrestri.
Questa radiazione, in particolare, è la stessa in tutte le direzioni, ha una lunghezza d'onda di 7,35 centimetri e una temperatura di circa 3 gradi Kelvin (ovvero -270 gradi centigradi).
Nell'arco degli ultimi decenni, gli scienziati hanno lanciato nello spazio tre sonde, il cui compito era quello di osservare questa traccia della fase calda e densa del nostro Cosmo. Prima nel 1989 con la sonda COBE, poi nel 2001 con WMAP e infine nel 2009 con Planck. La risoluzione delle immagini è crescente nel tempo e, in particolare, l'immagine scattata dall'ultima sonda ci mostra esattamente com'era l'Universo neonato.

Crediti : ESA and the Plank Collaboration; NASA Team

L'immagine ha una forma ovale perché rappresenta tutta la sfera celeste vista dalla Terra; è molto ricca di macchie di colore rosso e blu. Nonostante il blu sia più energetico del rosso, questa fotografia segue le convenzioni tradizionali: i punti rossi sono leggermente più caldi, con una temperatura di 2,725 K, rispetto ai punti blu, che hanno una temperatura di 2,724 K. La differenza di temperatura tra i due diversi punti della radiazione cosmica di fondo è dunque uguale a un millesimo di grado, una differenza minima che però, come vedremo nella trattazione, è importantissima.
Ma perché questa immagine ci racconta dell'esistenza del Big Bang? A quando risale?
Si dice che la radiazione cosmica di fondo sia il fossile del Big Bang, si stima che la temperatura dell'Universo primordiale fosse di cento miliardi di gradi e che in esso fossero presenti solamente elettroni, neutrini, antiparticelle e, in particolare, fotoni. Le particelle di cui è composta la luce, la quale era completamente incastonata a causa dell'elevata densità del Cosmo, erano continuamente urtate e deflesse dagli elettroni liberi che, non essendo legati ad alcun nucleo, interagivano con loro in modo estremamente efficace. Gli atomi non si potevano formare, l'Universo era troppo denso e appariva come una nebbia totale per via

della continua diffusione elettronica. Questa situazione restò tale fino a quando la temperatura del Cosmo scese a causa della sua espansione, raggiungendo i 3000 gradi. Ciò accadde 380'000 anni dopo il Big Bang e in queste condizioni gli elettroni iniziarono a legarsi con i nuclei, diventando meno energetici e cessando di interagire con i fotoni. A quel punto la luce fu libera di muoversi e di propagarsi nell'Universo, il quale diventò trasparente e visibile. La luce emessa in quel momento è quella che raggiunge la Terra oggi, che siamo in grado di osservare con le sonde a microonde e che costituisce la radiazione cosmica di fondo. Quella luce ha iniziato il suo viaggio con una temperatura di 3000 gradi e, man mano che l'Universo si è espanso, è scesa fino alla temperatura che oggi siamo in grado di studiare grazie all'antica fotografia della radiazione cosmica di fondo.

I punti da cui sono partiti questi fotoni appartengono alla *superficie di ultima deviazione*, che possiamo comprendere meglio con una semplice analogia. Osservando una nuvola dal nostro pianeta possiamo vedere solo la sua superficie inferiore, non ciò che c'è al suo interno, dove i fotoni non sono liberi di propagarsi e vengono assorbiti in continuazione dalle molecole delle nubi. Quelli che invece abbandonano la superficie inferiore della nuvola sono liberi di attraversare l'atmosfera e di giungere fino a qui, rendendo possibile la loro osservazione dal suolo terrestre. Allo stesso modo, le nostre sonde sono in grado di osservare le particelle della luce che sono partite 380'000 anni dopo il Big Bang, ovvero i fotoni che si trovavano sulla superficie più esterna di quella nebbia cosmica, rappresentata dalla nostra nuvola. Questo spiega perché osservando due direzioni diverse del cielo la radiazione captata è comunque la stessa: zone differenti del Cosmo, infatti, 13,8 miliardi di anni fa si trovavano molto vicine tra loro, facevano parte di un Universo più denso e, in passato, hanno interagito. In particolare, si pensa che i punti più freddi della radiazione corrispondano a zone dell'Universo primordiale in cui c'era una concentrazione di massa più grande, zone che poi diventeranno poi i semi delle galassie. Questo perché la luce ha dovuto perdere più energia per riuscire ad abbandonare quelle regioni, raffreddandosi maggiormente rispetto ai fotoni che hanno abbandonato zone con concentrazione di massa minore.

Per il momento riusciamo dunque ad osservare l'Universo com'era 380'000 anni dopo il Big Bang e non riusciamo a vedere cosa ci fosse prima, a causa dell'elevata interazione

tra fotoni ed elettroni. Questo arco temporale, se confrontato con i 13,8 miliardi di anni che ha l'Universo, è un periodo estremamente breve: ciò che osserviamo è dunque un Universo neonato, estremamente giovane. Se però l'uomo, per studiare gli albori del Cosmo, riuscisse a utilizzare delle particelle che interagiscano molto meno dei fotoni con la materia ordinaria, si potrebbe scoprire di più sulla nascita dell'Universo. Queste particelle sono i *neutrini*: se fossimo in grado di rivelarli, di comprenderli e di scoprire la loro provenienza, saremmo capaci di fotografare com'era l'Universo soltanto un secondo dopo il Big Bang.
Chissà se ci riusciremo...

2.4 - La forma dell'Universo

La relatività generale di Einstein afferma che una concentrazione di massa, come una stella, curva lo spaziotempo e che, di conseguenza, esso è pieno di buche dovute alla materia situata al suo interno. Se per assurdo immaginassimo di rimuovere tutta la massa e l'energia presente all'interno del nostro Cosmo, di accendere un laser e di analizzare il percorso che farebbe il raggio di luce emesso da quel dispositivo, che percorso sarebbe?

Proseguirebbe seguendo una traiettoria retta o una traiettoria curva? Questo è ciò che si intende quando si parla della *forma dell'Universo*, ovvero dell'effetto che tutta la materia esistente ha complessivamente sulla curvatura dello spaziotempo. Nell'Universo, infatti, non ci sono punti privilegiati e in media le proprietà dello spazio devono essere le stesse in ogni luogo, ciò significa che la sua geometria deve presentare qualche simmetria.

La relatività generale afferma che la geometria dello spazio può essere di tre tipologie, ma per riuscire a visualizzarle bisogna ricorrere a un'analogia in due dimensioni, tenendo sempre e comunque a mente che lo spazio in cui viviamo è, invece, tridimensionale. La prima geometria possibile è una geometria aperta, causata dal fatto che la materia nell'Universo non ha una gravità sufficiente da rallentarne l'espansione: il Cosmo sarebbe infinito e la forma dello spazio sarebbe quella di una sella o di una patatina Pringles.

La seconda geometria possibile cade esattamente sul lato opposto della medaglia: riguarda un Universo chiuso, in cui ci sarebbe massa sufficiente per rallentarne l'espansione fino a fermarla e invertirne il moto. Lo spazio sarebbe dunque sferico e finito, sarebbe una regione in cui continuando a viaggiare nella stessa direzione si tornerebbe sempre al punto di partenza. La terza geometria possibile è invece quella piana, secondo la quale l'Universo fermerebbe la sua espansione solo all'infinito: lo spazio, visto su grande scala, apparirebbe dunque piatto come un foglio di carta.

Per capire quale opzione sia quella corretta dobbiamo ragionare sulla geometria euclidea. Tutti noi sappiamo che la somma degli angoli interni di un triangolo è di 180°, ma ciò è vero solo se si ragiona su un piano: se considerassimo l'intera Terra come foglio di carta chiuso su sé stesso come una sfera, la situazione cambierebbe. Ad esempio, consideriamo un viaggiatore in partenza dal Polo nord e in cammino lungo un meridiano, diretto verso l'equatore. Una volta raggiunta la destinazione, immaginiamo che ruoti il suo percorso di 90° verso est, proseguendo lungo l'equatore fino a raggiungere un altro meridiano. Una volta raggiunta anche questa meta, immaginiamo che ruoti nuovamente il suo percorso di 90° verso nord, mettendosi in cammino per tornare al punto di partenza. Tralasciando le ottime condizioni fisiche che il nostro viaggiatore dovrebbe avere per compiere questo lungo cammino; se ci concentrassimo sul tragitto da lui percorso, si potrebbe notare che esso coincide con il perimetro di un triangolo curvo, la cui somma degli angoli interni è maggiore di 180° per via della

presenza di almeno due angoli retti. Dunque, se vogliamo capire qual è la geometria dello spazio in cui viviamo (se piatta, sferica o aperta) dobbiamo costruire nell'Universo un triangolo estremamente grande, per poi misurarne la somma degli angoli interni. Qualora tale somma desse vita ad un angolo piatto, significherebbe che lo spazio su cui è stato disegnato è euclideo; se desse vita ad un angolo più piccolo, significherebbe che la geometria dello spaziotempo sarebbe a sella; se invece l'angolo risultante fosse maggiore di 180°, ci troveremmo di fronte ad un Cosmo sferico e chiuso.
Ma dove possiamo trovare un triangolo sufficientemente grande per avere una misura dell'intero Universo?
La risposta a questa domanda risiede nella radiazione cosmica di fondo. Abbiamo visto che essa è costituita da fotoni che sono stati liberati improvvisamente quando l'Universo aveva un'età di 380'000 anni, e che le macchie colorate sono una caratteristica ben riconoscibile della sua immagine. I cosmologi sono riusciti con grande precisione a calcolare la dimensione di tali macchie, che è legata solo alla velocità con cui le onde sonore si propagavano nel plasma primordiale: il valore ottenuto è di circa 840'000 anni luce e costituisce la base del nostro triangolo. Il problema si riduce a calcolare l'ampiezza dell'angolo con

cui noi, dalla Terra, vediamo tali macchie. Secondo i calcoli teorici, se l'Universo fosse piatto, le macchie più intense le vedremmo di dimensioni paragonabili a quelle del doppio di una Luna piena, con un'ampiezza angolare di 1°. Se l'Universo fosse chiuso tale angolo risulterebbe maggiore di 1°, mentre se fosse aperto risulterebbe minore di 1°.

Questo calcolo fu effettuato per la prima volta da Paolo de Bernardis, dell'università Sapienza di Roma, che ha pensato di usare un pallone stratosferico sul quale era montato un telescopio, al fine di effettuare le opportune misurazioni. Il suo progetto prevedeva l'utilizzo delle correnti atmosferiche nella regione antartica che avrebbero permesso all'apparecchio di rimanere in volo per una decina di giorni, durante i quali sarebbe stato in grado di osservare circa il 3% dell'intero cielo, per poi tornare al punto di partenza. Tale progetto, per via della traiettoria circolare percorsa, venne chiamato BOOMERANG e permetteva di risparmiare un enorme quantitativo di denaro che sarebbe stato necessario per la progettazione e alla messa in orbita di satelliti costosissimi.

Una volta completato il progetto, si hanno effettuato misure della mappa della radiazione cosmica di fondo, scoprendo che l'ampiezza angolare interessata è di circa 1°. Tale misura verrà successivamente perfezionata da satelliti in orbita attorno alla Terra, confermando così la natura euclidea del nostro Universo che, in assenza di masse e di energie, si presenterebbe piatto, esattamente come un foglio di carta. La luce, nonostante venga piegata dagli ammassi di galassie, viaggiando da un punto ad un altro dello spaziotempo segue in media una traiettoria rettilinea.

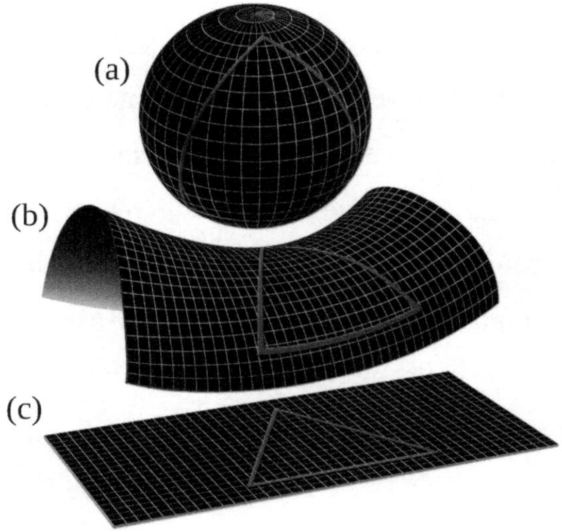

Rappresentazione bidimensionale della curvatura dell'Universo. Il caso (a) mostra una geometria chiusa, a forma sferica, (b) mostra una geometria aperta, mentre (c) è rappresentativa della geometria euclidea dello spazio in cui effettivamente viviamo.

Fonte e crediti: Nasa

Capitolo 3 - L'architettura dell'infinito

Noi siamo l'incarnazione locale di un Cosmo cresciuto fino all'autocoscienza.
Abbiamo iniziato a comprendere la nostra origine: siamo materia stellare che medita sulle stelle.

Carl Segan

3.1 - Questioni atomiche

Una svolta nella storia umana è data senza dubbio dalla scoperta del fuoco. In origine la capacità di utilizzare il fuoco era rudimentale: riuscivamo a servircene solamente qualora nascesse da fonti naturali, come dalla caduta di un fulmine. Evolvendoci, abbiamo imparato a usare questo elemento, cambiando le nostre abitudini di vita e il nostro comportamento, facilitando la comunicazione con altri individui della nostra specie. Il fuoco è così importante che l'uomo gli ha dedicato diversi miti, come quello di Prometeo, il titano che rubò il fuoco agli dei per donarlo agli uomini. Zeus, rancoroso, lo condannò a un'eternità di sofferenze legandolo a una montagna con un'aquila che gli divorava continuamente il fegato. Tale punizione fu così crudele perché l'umanità, grazie al fuoco, sarebbe diventata sempre più potente e un giorno avrebbe potuto sfidare gli dei. In numerose religioni esistevano anche divinità di questo elemento, come Efesto per l'Antica Grecia, ovvero il fabbro degli dei, mentre in altre culture queste divinità esistono ancora oggi, come Agni, figlio del cielo e della terra per l'induismo. Dunque, questa fonte di calore ha giocato un ruolo essenziale nella storia umana e quando guardiamo verso il cielo possiamo osservare il Sole, una sfera scintillante che ci scalda ogni giorno, una sfera misteriosa e affascinante che ha attratto da sempre gli animi umani, come quello di Icaro, il figlio di Dedalo e Naucrate. Egli venne rinchiuso nel labirinto di Creta e, grazie all'ausilio di ali costruite con la cera che si adattavano perfettamente al suo corpo, riuscì a fuggire. Tuttavia, avvicinandosi troppo al Sole, le sue ali si sciolsero, destinandolo ad una fatale caduta nel mare aperto. Oltre al fuoco e al Sole, esistono moltissime altre fonti di calore nel nostro Universo, come le miliardi di stelle che sono situate in altrettante galassie, ma come si è formato tutto ciò?

Cos'ha determinato la creazione di ciò che possiamo ammirare nelle notti più limpide?

Per rispondere a questa domanda bisogna viaggiare indietro nel tempo, raggiungendo il caos primitivo che governava l'Universo 13,8 miliardi di anni fa. In questo periodo si susseguivano eventi rapidissimi, della durata di un battito di ciglia. Subito dopo il Big Bang, infatti, c'è stato un breve lasso di tempo in cui l'Universo si è espanso in modo accelerato. Tale evento viene chiamato *inflazione cosmica*, prendendo il proprio nome dall'economia: in questo caso viene usato per indicare un'enorme estensione dello spazio che, in un arco di tempo infinitesimo, si è espanso tanto quanto si è espanso in 13,8 miliardi di anni. Questa fase conferì all'Universo la geometria piatta di cui abbiamo trattato nello scorso capitolo. In quel momento i quark, particelle elementari costituenti della materia, non erano uniti tra loro a causa delle temperature cosmiche troppo elevate, ma quando l'Universo, raffreddandosi, raggiunse una temperatura sufficientemente bassa (nell'ordine di miliardi di miliardi di gradi), i quark poterono riunirsi in triplette formando protoni e neutroni. Successivamente avvennero delle complesse fasi di annichilazione tra particelle e antiparticelle, provocando la nascita di numerose radiazioni elettromagnetiche. In seguito, a circa un minuto dopo il Big Bang, iniziò la formazione di idrogeno e di elio per via dell'interazione dei loro nuclei con gli elettroni. Il primo elemento citato è il più semplice della tavola periodica, in quanto è formato da un elettrone e da un protone; il secondo è un gas nobile molto leggero, il cui nucleo è formato da due protoni e due neutroni, usato ad esempio per gonfiare i palloncini delle feste di compleanno. La domanda sorge spontanea: com'è possibile che il nucleo di elio sia stabile se è formato da cariche uguali che si dovrebbero respingere? La risposta sta in un'interazione che agisce solo su distanze piccolissime, che domina sull'interazione elettromagnetica, definita dai fisici con il nome di *forza forte*. Infine, dopo soli 3 minuti, si era raggiunta una composizione percentuale del nostro Cosmo pari al 90% di atomi di idrogeno, mentre il restante 10% era formato da elio.

La gravità giocò un ruolo essenziale per la formazione delle strutture cosmiche, permettendo la condensazione della materia e dando progressivamente vita a pianeti, stelle, galassie e a tutto ciò che conosciamo.

Se dovessimo scegliere un punto d'inizio per descrivere l'immensa struttura cosmica, il riferimento principale cadrebbe senza dubbio sulle *nebulose*. Queste sono delle formazioni di gas e polveri interstellari che, a causa dell'interazione con stelle vicine, sono avvolte da brillanti colori, una caratteristica che le rende oggetto di bellissime fotografie scattate da numerosi appassionati durante le notti più serene. La più famosa è quella di Orione che, con un cielo limpido e una giusta dose di fortuna, riusciamo ad osservare nelle fredde serate invernali anche ad occhio nudo: infatti la Cintura di Orione è formata da tre stelle allineate verticalmente, di cui quella di mezzo illumina l'intera nebulosa.

L'estensione nello spazio delle nebulose è molto variabile e può arrivare a centinaia o migliaia di anni luce. Tuttavia sono molto leggere, in quanto sono principalmente vuote e il materiale al loro interno è disperso in maniera estremamente rarefatta. Infatti, una nebulosa grande come la Terra peserebbe solamente pochi chilogrammi. Come vedremo, le nebulose sono zone in cui nascono stelle e pianeti grazie alle interazioni gravitazionali che dominano i gas al loro interno. In particolare, esistono tre tipologie di questi agglomerati di polveri interstellari, classificati rispettivamente come nebulose diffuse, planetarie e resti di supernova. La prima di queste tre famiglie, le *nebulose diffuse*, è la più comune all'interno del nostro Cosmo e il nome deriva dal fatto che i loro confini non risultano ben definiti. Questa tipologia viene a sua volta divisa in tre categorie, le nebulose a emissione, a riflessione e oscure. Le nebulose a riflessione, come le famose Pleiadi, brillano agendo come uno specchio e riflettendo la luce delle stelle vicine, apparendo di colore bluastro. D'altro canto, le polveri delle nebulose ad emissione, come la Nebulosa California, vengono eccitate dalle stelle vicine attraverso radiazioni elettromagnetiche e alte temperature. Le nebulose oscure, invece, devono il loro nome all'elevata densità dei loro gas e delle loro polveri interstellari, che non permette il passaggio della luce. In questo modo, all'interno di esse si creano zone d'ombra che lasciano spazio solo a qualche piccola venatura di colore grigio o marrone scuro, rendendo la loro osservazione estremamente difficile. Le *nebulose planetarie* appaiono invece circolari tanto che, prima di essere state scoperte, sono state scambiate per nuove formazioni stellari. Un esempio è la nebulosa Saturno, situata nella costellazione dell'Acquario e ricca di anelli che ricordano l'omonimo pianeta. Queste nebulose nascono nel momento in cui una stella di piccola massa giunge alla fine della propria vita, espandendosi e perdendo gli strati superficiali dei suoi gas. La medesima sorte toccherà ad esempio al nostro Sole, destinato a diventare una nana bianca. Infine, i *resti di supernova,* come la Nebulosa Velo situata nella costellazione del Cigno, sono gli antichi detriti dovuti all'esplosione di una stella con una massa molto superiore a quella del nostro Sole. Nebulose affascinanti che, come le loro sorelle, sono mattoni indispensabili per la creazione di tutti gli altri oggetti cosmici.

Fotografia illustrativa di una nebulosa. In particolare, si tratta della Nebulosa Testa di Strega situata nella

costellazione di Eridano, distante 685 anni luce. Una nebulosa a riflessione dal colore blu, dovuto alla presenza di polveri che riflettono questa luce in modo più efficiente rispetto a quella rossa. Un processo simile accade sulla Terra, facendoci apparire il cielo azzurro. L'immagine è stata catturata dal telescopio spaziale Hubble.

Fonte: Nasa

3.2 - Galeotta fu la gravità

Da bambini ci hanno insegnato a distinguere, durante una notte limpida, i pianeti dalle stelle. La chiave sta nel fatto che, osservando il cielo, i primi ci appaiono luminosi e fissi, mentre le stelle sono scintillanti. Ma come mai accade ciò? Le stelle sono corpi molto grandi e sono collocate a enormi distanze da noi. Sono così lontane che anche al telescopio ci appaiono come puntiformi. Se pensiamo a un piccolo fascio di radiazione che parte da una stella e che giunge fino alla Terra, un tratto del suo viaggio consiste nell'attraversamento dell'atmosfera del nostro pianeta. Questa zona non è un blocco unico di gas, è composta da molteplici strati con diversa densità. Di conseguenza, questo fascio subisce il fenomeno della *rifrazione*, ovvero un cambio di direzione.

Per fare un esempio, lo stesso fenomeno accade quando immergiamo un cucchiaio all'interno di un bicchiere d'acqua: il cucchiaio ci sembra piegato e distorto a causa del cambio di traiettoria dei raggi luminosi, dovuto al diverso indice di rifrazione tra aria e acqua. Questo fenomeno implica che la radiazione emessa dalle stelle non giunge sempre al suolo nello stesso punto. Di conseguenza, questi corpi celesti ci appaiono come luccicanti. In particolare, quando durante la notte osserviamo delle stelle basse sull'orizzonte, queste ci appaiono più scintillanti rispetto a quelle che sono in alto nella volta celeste, in quanto la luce che emettono deve attraversare uno strato maggiore di atmosfera e, di conseguenza, è soggetta maggiormente al fenomeno della rifrazione. Questo effetto accade minormente con i pianeti che, trovandosi a distanze minori rispetto alle stelle, hanno un'estensione angolare maggiore: dalla loro superficie ci giungono molte più radiazioni, ciascuna delle quali viene rifratta dall'atmosfera terrestre e noi osservatori, passeggiando al chiaro di luna sulla la superficie del nostro pianeta, vediamo comunque queste radiazioni deviate in maniera casuale, ma con una media molto più stabile rispetto al caso stellare, comportando la visione dei pianeti come puntini luminosi statici, non scintillanti. Dunque, la chiave di questa spiegazione risiede ancora una volta nelle enormi distanze che ci separano dalle altre stelle. Ma come si sono formate? Quali tipologie esistono nel nostro Universo e quali sono i loro meccanismi di funzionamento? Come già accennato, le stelle nascono in zone ben specifiche dello spazio, ovvero nelle nebulose. Qui, i gas come idrogeno ed elio iniziano a raggrupparsi per effetto della gravità, formando dunque una zona molto densa e con una temperatura molto elevata, che andrà a caratterizzare il nucleo della stella. Tale processo dura anche milioni di anni e, una volta completato, viene data origine a quella che viene definita *protostella,* ovvero una stella in una fase embrionale. Una protostella è considerata tale per tutto il tempo in cui la materia che la circonda cade nel centro di condensazione: tale fase dura circa centomila anni e tutta l'energia emessa deriva solamente dalle interazioni dovute al collasso gravitazionale delle diverse nubi di idrogeno. Successivamente, il corpo celeste entra in una fase definita *T Tauri* in cui apparentemente sembra ricoprire il ruolo di una stella vera e propria, ma in cui in realtà i valori di pressione e temperatura all'interno del nucleo non sono ancora sufficientemente elevati per innescare dei processi di fusione nucleare. Questa fase di ulteriore addensamento della materia è seguita dal principale periodo di vita stellare, detto *Main Sequence,* in cui le temperature all'interno del nucleo sono sufficienti per avviare delle reazioni termonucleari mirate alla trasformazione di idrogeno in elio, un elemento leggermente più pesante. Le stelle sono dunque enormi ammassi di plasma, ovvero gas estremamente caldo, mantenute in vita da un perfetto un equilibrio tra l'energia sprigionata dalle reazioni che avvengono nel loro nucleo e l'attrazione gravitazionale dei gas che le compongono, in quanto la gravità tende a compattare ulteriormente tutta loro massa verso il centro, mentre l'energia delle fusioni nucleari la contrasta, spingendo verso l'esterno.

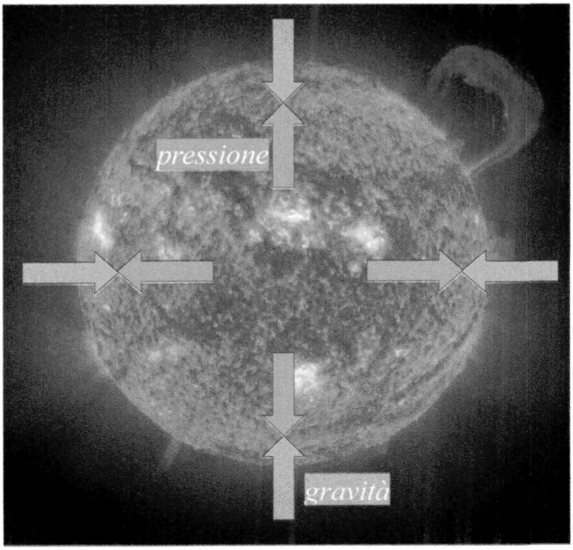

Immagine del Sole, scattata dalla Nasa e rielaborata con l'inserimento di frecce che mostrano il perfetto equilibrio tra gravità e pressione, l'ingrediente segreto che mantiene in vita le stelle.

Nel momento in cui termina l'idrogeno all'interno di un sito nucleare, le reazioni cessano e, a seconda della dimensione della stella, possono accadere diversi eventi. Stelle con massa fino a otto volte quella del nostro Sole saranno dominate dalla gravità, che le porterà a contrarsi diventando sempre più piccole e calde: questo fa sì che i loro strati più esterni si espandano, incrementando le loro dimensioni fino a cento volte quella iniziale, trasformandole in *giganti rosse*. Il nostro Sole, ad esempio, si espanderà fino all'orbita di Giove, inghiottendo quindi anche la Terra. Nel momento in cui il nucleo sarà sufficientemente caldo, si innescheranno delle nuove reazioni nucleari mirate alla trasformazione dell'elio in carbonio, un elemento ancora più pesante. Una volta che anche l'elio sarà terminato, la stella si libererà dei suoi strati più esterni creando una nebulosa planetaria e riducendosi ad una *nana bianca,* una stella più piccola, poco brillante, nel cui nucleo non avvengono più reazioni di fusione. Essa rimarrà visibile per un lungo periodo di tempo, comparabile con l'età dell'Universo, fino a quando il calore residuo di cui brilla non si estinguerà, spegnendosi nell'oscuro e freddo spazio vuoto. Le nane bianche si distinguono dalle *nane rosse,* stelle fredde e molto piccole con una massa circa il 40% di quella del nostro Sole, in cui però le reazioni termonucleari procedono con un ritmo più lento per via delle minori temperature dei loro nuclei, comportando così un aumento della loro aspettativa di vita. Stelle ancora più piccole vengono chiamate *nane brune,* che hanno una massa troppo ridotta per compiere processi di fusione nucleare, ma comunque nettamente superiore a quella di un pianeta. Dall'altro lato della medaglia abbiamo le stelle più grandi del nostro Cosmo, le *supergiganti rosse,* con una massa che supera almeno nove volte quella del nostro Sole, come Betelgeuse, che si trova nella costellazione di Orione e ha un diametro di circa 300 volte quello della nostra stella. Questa tipologia di stelle ha un finale tanto drammatico quanto stupefacente: la loro massa è talmente grande che, nel momento del collasso, viene generata una pressione talmente elevata da causare una *supernova*, ovvero un'esplosione stellare di proporzioni gigantesche che causa un'emissione di radiazione talmente intensa da superare per brevi periodi quella di un'intera galassia. L'esplosione espelle a velocità relativistiche la maggior parte del materiale che costituisce la stella, dando vita ai resti di supernova, nuovi siti di formazione stellare. Una supergigante con massa fino a venti volte quella del nostro Sole ha un destino ben preciso. Nella fase finale della sua vita il carbonio presente all'interno del suo nucleo fonde in elementi più pesanti come il ferro e, quando anche queste trasformazioni sono terminate, la stella smetterà di bruciare, le reazioni nucleari cesseranno e la gravità dominerà incontrastata: il corpo celeste collasserà verso il suo centro, generando una pressione talmente elevata da creare effetti a livello atomico, portando alla fusione protoni ed elettroni, formando così una *stella di neutroni.* Queste stelle sono molto piccole, con un diametro di appena 20 km, ma con una massa pari a 1,4 masse solari. Per fare un paragone, sarebbe come se in una sfera del diametro di Roma fosse contenuta una volta e mezza la massa del Sole. Ciò la rende chiaramente una stella estremamente densa, tanto che un centimetro cubo di essa peserebbe circa cento milioni di tonnellate. Nel 1967 vennero scoperte le *pulsar,* particolari stelle di neutroni in rapida rotazione attorno al proprio asse, con un periodo rotazionale dell'ordine di millisecondi, circondate da un intenso campo magnetico e caratterizzate da un'emissione periodica di brevi impulsi di radioonde. L'asse di rotazione delle pulsar non coincide con il loro asse del dipolo magnetico, di conseguenza la radiazione proveniente dai poli magnetici può essere osservata solamente quando il fascio di emissione è diretto verso l'osservatore, esattamente come un faro che lampeggia in un porto durante una notte buia. Questo comportamento è all'origine dell'emissione periodica e per questo motivo il termine "pulsar" indicava originariamente una sorgente di onde radio pulsante. Infine, se la massa della supergigante rossa è sufficientemente grande, si crea una zona di spazio dominata da un campo gravitazionale talmente intenso di cui perfino la luce è prigioniera. Questa zona, come approfondiremo, è la dimora di un *buco nero*.

Per studiare con maggiore dettaglio il mondo stellare, in astronomia si utilizzano gli spettroscopi che, una volta connessi con un telescopio, permettono di scomporre la luce proveniente da una stella osservata e di analizzare in dettaglio le sue proprietà. In particolare, una volta scomposta la luce nelle sue componenti, dal rosso al blu, si ottiene un grafico in cui sull'asse delle ascisse sono collocate le varie lunghezze d'onda, mentre sull'asse delle ordinate è collocata l'intensità, ovvero il valore che indica la quantità di luce emessa dalla stella in una determinata lunghezza d'onda. Nella maggior parte dei casi, osservando lo spettro di una stella, si può notare un picco di intensità nelle lunghezze d'onda che corrispondono al colore arancione/giallo. La posizione di questo picco nello spettro di una stella dipende dalla sua temperatura: le stelle più fredde hanno un picco in lunghezze d'onda maggiori, e dunque appaiono rosse; le stelle più calde hanno un picco in lunghezze d'onda minori, e dunque appaiono blu. Se aumentassimo la risoluzione dello spettro utilizzato, si noterebbero delle linee di assorbimento, ovvero delle bande nere in corrispondenza delle lunghezze d'onda in cui si ha un calo di intensità, e dunque un numero minore di fotoni emessi dalla stella in quella determinata frequenza. Ciò accade perché i fotoni emessi dalla stella attraversano la sua atmosfera, dove vengono assorbiti da atomi leggeri come l'idrogeno e da atomi pesanti come il litio. Questi atomi riemetteranno i fotoni in una direzione totalmente casuale, creando righe di assorbimento a specifiche lunghezze d'onda che sono uniche per ciascun elemento. Conoscendo queste lunghezze d'onda possiamo dunque determinare la composizione chimica e la dimensione delle stelle. Per primi, gli astronomi Hertzsprung e Russel, usando gli spettri delle stelle, hanno tentato di creare un censimento stellare, ponendo questi oggetti su un diagramma che, successivamente, prenderà il nome di *diagramma HR*: sull'asse delle ascisse troviamo la temperatura delle stelle, mentre sull'asse delle ordinate è riportata la loro luminosità intrinseca.

Per calcolare i valori di temperatura si procede osservando a quale lunghezza d'onda dello spettro stellare è collocato il picco d'intensità. Analogamente, per calcolare la luminosità intrinseca delle stelle si parte dalla luminosità apparente, ovvero dalla misura della sua luminosità rilevabile dalla Terra. Calcolando la distanza dell'oggetto celeste considerato, si può determinare la magnitudine assoluta, ossia quanta luce effettivamente la stella sta emettendo nello spazio ad essa circostante. Considerando come riferimento il Sole, possiamo collocare tutte le tipologie di stelle sul diagramma HR: la sequenza principale corrisponde alla condizione in cui le stelle trascorrono tutta la loro vita, bruciando il loro idrogeno e brillando come sta facendo il nostro Sole. Le stelle più fredde, che emettono una maggiore luminosità, sono le giganti e supergiganti rosse, prossime alla fine della loro vita. Le nane bianche, invece, sono stelle molto piccole e calde, caratterizzate da una luminosità molto inferiore a quella del nostro Sole, in quanto brillano del calore residuo della loro estinta fornace.

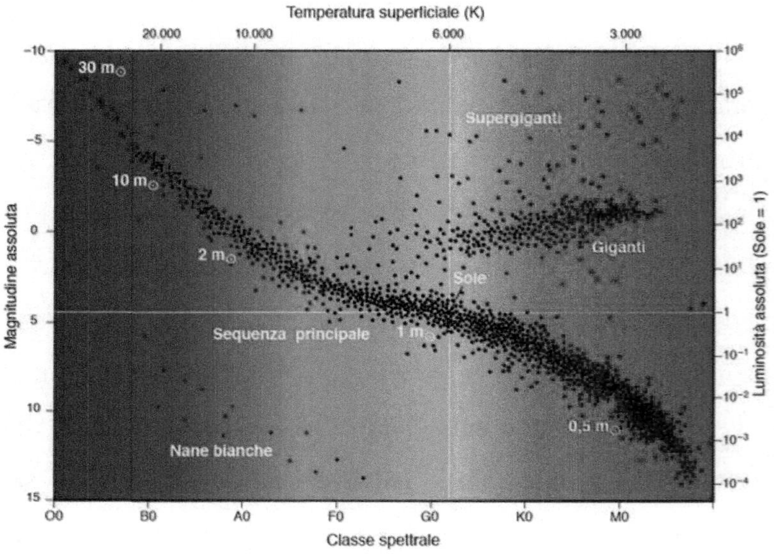

Diagramma HR - fonte: professor Giancarlo Accattatis

Come abbiamo visto, la formazione di una stella avviene nelle nebulose per mezzo della gravità. Ciò che resta dell'ammasso di gas è una piccolissima parte della nebulosa iniziale che, per via del collasso gravitazionale, subisce un aumento della sua velocità rotazionale, assumendo la forma di un disco piatto. Esso è chiamato *disco protoplanetario* e contiene, oltre ad idrogeno ed elio, anche polveri ed altri elementi più pesanti come metalli che, per via dei moti caotici che avvengono all'interno del disco, iniziano a scontrarsi, portando alla formazione di grani sempre più grossi.

Questo processo dura centinaia di migliaia di anni e porta alla formazione di oggetti rocciosi di alcuni chilometri detti planetesimi, i quali accrescono ulteriormente fino a formare *protopianeti*, ovvero dei corpi rocciosi grandi circa quanto la Luna. Le orbite dei protopianeti sono molto caotiche e spesso si intersecano, dando vita a collisioni che portano alla formazione di oggetti ancora più grandi. Questo processo dura milioni di anni e, infine, porta alla formazione di pianeti. In particolare, i pianeti più vicini alla stella sono esposti a temperature molto elevate, che permettono la sopravvivenza solo di materiali non volatili, come metalli e rocce. Questi elementi sono piuttosto rari nell'Universo e, per questo motivo, i pianeti più vicini alla stella madre sono in genere molto più piccoli di quelli posti in lontananza. D'altro canto, pianeti con una distanza maggiore dalla stella madre sono esposti ad una temperatura più bassa, che permette la sopravvivenza anche di elementi più volatili, come gas e ghiacci, che forniscono la loro massa per accrescere la dimensione del pianeta: tale distanza è detta *snow line*. Oltre la linea della neve, i pianeti potranno diventare sempre più grandi, attirando a sé anche i gas situati nel disco protoplanetario, diventando in questo modo dei giganti gassosi, come Giove, Saturno, Urano e Nettuno, i quali, a differenza di pianeti rocciosi come la Terra, non hanno una superficie ben definita e il confine con la loro atmosfera è indistinguibile.

Quando sistemi planetari, stelle e gas sono talmente vicini da formare un grande insieme, si formano le *galassie.* Tali agglomerati di corpi celesti possono essere di dimensioni estremamente variabili; contengono da poche centinaia di milioni di stelle (galassie nane), fino a centinaia di miliardi di stelle, che ruotano tutte attorno a un centro comune. La nostra galassia prende il nome di Via Lattea ed è una *galassia a spirale barrata,* presenta un disco piatto e rotante attorno al proprio centro, chiamato *bulge,* ricco di stelle antiche e corpi arcaici. Nel disco sono evidenti i brillanti bracci, sede di miliardi di stelle giovani come il Sole; è caratterizzata da una barra luminosa che attraversa il suo nucleo in cui, come spesso accade, è presente un buco nero supermassiccio, con una massa pari a quattro milioni di volte quella del Sole e dal diametro di 44 milioni di chilometri, attorno a cui il Sistema Solare ruota incessantemente, compiendo un anno galattico in circa 250

milioni di anni terrestri. Altre galassie, come M87, sono classificate come *ellittiche*: si presentano come sistemi caratterizzati da un nucleo molto intenso, la cui luminosità è decrescente avvicinandosi verso la periferia. La loro struttura è circolare o estremamente piatta, sono ricche di stelle molto antiche e, per la maggior parte, rosse. M87, in particolare, presenta uno spettacolare getto di materia uscente dal suo nucleo, originato da un buco nero con una massa di tre miliardi di volte superiore a quella del Sole.
Le galassie che non rientrano nelle due tipologie precedenti sono dette *irregolari*: non presentano una particolare simmetria o un centro di rotazione, sono molto ricche di gas e polveri interstellari e un esempio celebre è la Grande Nube di Magellano, una galassia satellite della Via Lattea.

A seguire, un'immagine scattata dal telescopio spaziale Hubble della Nasa, il cui soggetto è la galassia a spirale M51, situata nella costellazione dei Cani da Caccia e distante da noi circa 31 milioni di anni luce. I bracci luminosi seguono l'andamento di una spirale logaritmica, una spirale che aumenta con una progressione geometrica. È curioso notare come, ancora una volta, la natura segua in modo così perfetto il linguaggio matematico. Tale spirale, infatti, non riguarda solamente le galassie, ma anche le traiettorie di caccia dei falchi, i bracci dei cicloni tropicali, la disposizione delle foglie di numerose piante o la coda di piccoli animali, come i camaleonti. Inoltre, si noti come ogni retta passante per l'origine della galassia intersechi la spirale logaritmica sempre con il medesimo angolo, che può essere calcolato con semplici nozioni trigonometriche.

3.3 - L'Universo visto da qui

La Terra, il nostro pianeta, ci accoglie da più di centomila anni come Homo sapiens. In questo arco di tempo la mente umana si è evoluta grazie al ruolo giocato dall'agricoltura, che ha liberato molte braccia dal cacciare, portando l'uomo a un maggiore sviluppo intellettuale. Con il passare degli anni, l'uomo ha iniziato a interessarsi della filosofia, il mezzo con cui iniziò la ricerca di un archè, la riflessione sul concetto di politica e di religione, spingendo l'uomo a riflettere anche sull'astronomia. Oggigiorno abbiamo sotto i nostri occhi fenomeni meravigliosi offerti dalla natura, ma spesso non ci chiediamo il perché tali eventi accadano. Ad esempio, perché il cielo di notte è scuro se ci sono stelle in ogni direzione della volta celeste? Cosa sono le aurore boreali, le stelle cadenti e perché accadono le maree?

A queste domande se ne possono sommare tante altre, ma iniziamo a descrivere il cosiddetto *paradosso di Olbers.* Questo problema astronomico ha interrogato gli scienziati per secoli e prende il nome dall'astronomo tedesco Heinrich Wilhelm Olbers, che lo propose nel 1826, basandosi sull'assunto che l'universo sia infinito, statico e uniformemente popolato da stelle. Se questo fosse vero,

allora il cielo notturno dovrebbe apparire come un bagliore uniforme, illuminato dalla luce di tutte le stelle che si trovano in ogni direzione, ma ciò non accade.
La chiave per la risoluzione di questo paradosso risiede nel modello del Big Bang, il quale afferma che l'Universo non esiste da sempre e che è sottoposto a un'espansione. Entrambi questi fattori spiegano il perché, durante la notte, osserviamo ampie regioni di spazio buio invece che un cielo brillante. In particolare, siccome l'Universo non esiste da sempre e siccome guardando lontano nello spazio guardiamo anche indietro nel tempo, quando guardiamo sufficientemente lontano osserviamo delle regioni di Universo in cui le stelle non si erano ancora accese. Tuttavia, la logica ci dice che se guardassimo estremamente lontano dovremmo osservare un momento in cui tutto l'Universo brillava come la superficie di una stella, in quanto gas brillanti e incandescenti ricoprivano tutto lo spazio nella fase del Big Bang. Il motivo per cui osserviamo un cielo prevalentemente buio e non il muro di fuoco dell'Universo primordiale risiede nella seconda informazione che ci fornisce la teoria del Big Bang, ovvero l'espansione del Cosmo. Questo fenomeno ha causato uno stiramento delle onde elettromagnetiche, diminuendo la loro

frequenza e, di conseguenza, aumentando la loro lunghezza d'onda al punto da farle uscire dalla banda del visibile (ciò viene detto, come vedremo, *redshift*). Quell'immenso bagliore, come già visto, possiamo riceverlo solamente sotto forma di una radiazione a microonde, invisibile all'occhio umano, ovvero la radiazione cosmica di fondo. Dunque, quando ammiriamo il cielo notturno, abbiamo sotto gli occhi un'ulteriore prova del Big Bang, una prova che conferma nuovamente la veridicità delle teorie cosmiche di cui disponiamo.

La luce che giunge sulla Terra è dunque quella riflessa dalla Luna, quella delle stelle più vicine a noi, quella della nostra galassia. Il cielo notturno, in certi periodi dell'anno, è inoltre avvolto da numerosi eventi astronomici che ammaliano l'animo di tutti gli osservatori, come le stelle cadenti della notte di San Lorenzo. In realtà, il loro picco è visibile approssimativamente nelle notti tra il 9 e il 12 agosto. Più tecnicamente, le stelle cadenti sono dette *meteore*, ovvero piccoli corpi che entrano nell'atmosfera terrestre con una velocità molto elevata producendo un grande attrito con l'aria, attrito che fornisce loro una quantità enorme di energia, tanto alta da fargli raggiungere una temperatura tale da fargli emettere luce: questo effetto viene definito *radiazione di corpo nero*. Tale fenomeno può avvenire anche di giorno, ma la luce del Sole diffusa dall'atmosfera terrestre non ci permette di notarlo. Le meteore che si osservano nel periodo estivo sono nate da una cometa con un diametro di 26 chilometri, in orbita intorno al Sole, chiamata *Swift-Tuttle,* e con un periodo di rivoluzione di decine di anni terrestri: ogni volta che questa cometa si trova nei pressi della nostra stella, l'elevata radiazione ne causa il distacco di gas e di alcune sue parti. Questi detriti hanno una massa molto più piccola della cometa stessa e viaggiano in gruppo formando uno sciame meteorico, le Perseidi, in orbita intorno al Sole. Quando l'orbita di questo sciame incrocia quella terrestre, ovvero nei primi giorni di agosto, si verifica il meraviglioso evento delle stelle cadenti. Spostandoci invece ai poli, si può osservare un altro meraviglioso spettacolo naturale, ovvero l'aurora boreale. Questo evento affascinante è il modo con cui il nostro pianeta ci protegge da una morte certa: il Sole, a causa delle enormi energie in gioco sulla sua superficie, perde in continuazione flussi di particelle dalla sua corona, composti prevalentemente da protoni ed elettroni che viaggiano nel vuoto cosmico producendo il *vento solare*, potenzialmente pericoloso per la vita sul nostro pianeta. La penetrazione delle sue particelle nelle nostre cellule, infatti, avrebbe effetti simili a quelli prodotti dalle radiazioni nucleari per via della loro elevata energia. Fortunatamente la Terra è dotata di un campo magnetico, che per il pianeta rappresenta uno scudo: le linee di campo escono dal polo nord magnetico (situato nel polo Sud geografico) per poi entrare, con una linea chiusa, nel polo sud magnetico (situato nel polo Nord geografico) e nel momento in cui le particelle del vento solare si scontrano con questo scudo, vengono deviate lungo le linee di campo. Tuttavia, il campo magnetico terrestre rientra in prossimità dei poli, rendendo la protezione contro il vento solare più debole: ciò consente alle particelle del vento solare di entrare in contatto con l'atmosfera, eccitando gli atomi dei gas presenti nella ionosfera, i quali emettono luce di varie lunghezze d'onda. Per questo motivo, tra i 100 e i 500 chilometri di quota, ai poli nasce l'aurora. I suoi colori dipendono principalmente dal gas sollecitato: l'ossigeno atomico, presente negli strati più alti, è responsabile del colore rosso; l'ossigeno molecolare, presente negli strati inferiori, del colore verde, mentre l'azoto dei colori blu e viola. Per ammirare questo spettacolo naturale di luci occorre fare un viaggio nel paesi nordici, preferibilmente verso Settembre o Febbraio, quando l'orientazione della Terra nei confronti del Sole massimizza la probabilità di interazione tra il campo magnetico terrestre e il vento solare, massimizzando dunque la probabilità di osservare e di ammirare l'aurora boreale.

Viaggiando dai freddi poli ai caldi mari, si può ammirare un altro fenomeno curioso che influenza le nuotate dei turisti, ovvero le maree. In particolare, le maree sono fenomeni oceanici che possono riguardare anche i grandi laghi, provocando un cambiamento del livello dell'acqua. Il fattore principale che le causa è di natura astronomica, ovvero l'attrazione gravitazionale esercitata sulla Terra dalla Luna. Le particelle che si trovano in uno stato liquido, infatti, sono più sensibili a questo tipo di interazione rispetto a quelle che si trovano in uno stato solido. Nel momento in cui la Luna ruota attorno alla Terra, gli oceani subiscono la sua attrazione gravitazionale: la parte del pianeta che è rivolto verso il nostro satellite subisce il fenomeno di alta marea, mentre la parte opposta di bassa marea. Ciò accade con cicli di circa 12 ore, legati alla rotazione terrestre, ma la curiosità maggiore riguarda quello che accade in precise posizioni geografiche: in alcuni luoghi le maree sono praticamente nulle mentre in altri causano un dislivello anche superiore a dieci metri, come nel caso francese di Mont Saint-Michel.

La spiegazione di questo bizzarro fenomeno risiede sia nella morfologia delle coste, che tendono ad essere più alte dove sono presenti strette insenature, sia nella natura dei fondali marini, che rendono più o meno facile il reflusso delle acque. Anche le condizioni meteorologiche giocano un ruolo importante: zone di alta pressione tendono a contenere il fenomeno, mentre zone di bassa pressione tendono a facilitarlo. Inoltre, i venti accentuano o attenuano le maree in base alla direzione in cui soffiano, se verso le coste o verso il mare aperto.

La Luna gioca tutti i giorni con l'acqua terrestre, spostando interi oceani grazie alla sua gravità. Essa è nata 4,6 miliardi di anni fa per via dell'impatto di un enorme meteorite con il nostro pianeta, che era ancora formato da magma e roccia fusa: lo scontro causò la dispersione di frammenti rocciosi nel Cosmo circostante che, unendosi per mezzo della gravità, formarono il nostro satellite. L'orbita lunare segue un andamento ellittico caratterizzato da un apogeo, il punto più lontano dalla Terra, e da un perigeo, il punto più vicino. Nei successivi miliardi di anni, la Luna è stata colpita da moltissime rocce e da piccole meteore, come le Perseidi stesse: l'assenza di un'atmosfera ha permesso l'impatto di questi corpi sulla sua superficie, causando la formazione di crateri che sono osservabili durante la notte con l'utilizzo di un telescopio. Essi, in particolare, sono sempre gli stessi che il nostro satellite ci mostra da millenni: infatti la Luna porge sempre la stessa faccia alla Terra, a causa del perfetto sincronismo tra il suo moto di rotazione attorno al nostro pianeta e il suo moto rotazionale attorno a sé stessa. Essa, in altre parole, compie un giro su sé stessa nello stesso arco di tempo in cui compie un giro attorno al nostro pianeta. L'altra parte della Luna che non riusciamo a vedere è chiamata *Dark Side*, a cui anche il celebre gruppo dei Pink Floyd ha anche dedicato un loro famoso album, *The Dark Side of the Moon.* La rivoluzione lunare attorno al nostro pianeta si compie ogni 28 giorni, dando origine a quelle che vengono chiamate *le 4 fasi lunari.* In particolare, la Luna nuova avviene quando il nostro satellite è situato tra la Terra e il Sole: la faccia illuminata della Luna è dunque quella rivolta verso la nostra stella e, di conseguenza, non riusciamo a vederla nel cielo notturno. Essa è seguita dalla fase di Luna crescente, ovvero quella fase in cui è visibile il primo quarto, che si verifica dopo una settimana, seguita a sua volta dalla fase Luna piena, in cui la superficie illuminata dal Sole è quella che si affaccia al nostro pianeta, seguita ulteriormente dalla Luna calante, dove si vede l'altro quarto di Luna, per poi chiudere il ciclo nuovamente con la Luna nuova. Sulla superficie lunare, inoltre, si possono osservare anche ad occhio nudo delle regioni più scure, ovvero delle depressioni che si sono formate durante il periodo di raffreddamento della lava di cui era composta la Luna. Queste grandi e scure pianure basaltiche ricoprono il 16% della superficie lunare e vengono chiamate *mari lunari*. In particolare, ogni mare ha il suo nome: in basso possiamo trovare i Mari Nubium, Nectaris e Humorum; al centro il grande Oceanus Procellarum, il Mare Insularum e il famoso Mare Tranquillitatis; in alto il Mare Imbrium, il Mare Serenitatis e il Mare Frigoris. I loro colori variano a seconda del tipo di materiale che è prevalente: il Mare della Serenità, ad esempio, è tendente al rosso e al marrone a causa dell'abbondanza di ferro, mentre il Mare della Tranquillità appare blu per via della forte abbondanza di titanio.

Immagine illustrativa delle fasi lunari: dal basso in alto si passa lentamente dalla luna nuova fino alla luna piena. Il ciclo completo dura 28 giorni e, mediamente ogni 2 anni e mezzo, nello stesso mese cadono due lune piene anziché una sola: la seconda prende il nome di Luna blu.

Capitolo 4 – Le tenebre del Cosmo

Confinare la nostra attenzione alle questioni terrestri significherebbe limitare lo spirito umano.

Stephen Hawking

4.1 - Divoratori di mondi

È incredibile pensare che l'uomo, un essere vivente come tanti e fisicamente limitato, sia stato in grado di sviluppare una tecnologia talmente avanzata da potergli permettere di abbandonare il pianeta sul quale vive. Il 21 luglio 1969 due astronauti statunitensi, Neil Armstrong e Buzz Aldrin, membri della missione Apollo 11, portarono il passo umano sulla Luna, completando una missione pericolosa e potenzialmente ricca di imprevisti grazie alla costruzione di un veicolo capace di viaggiare con una velocità sufficientemente alta da vincere la gravità terrestre.

In generale, la velocità necessaria per uscire da un campo gravitazionale viene detta *velocità di fuga*, ed è tanto più grande quanto più è elevata la massa della sorgente di gravità: la teoria della relatività, infatti, ci mostra il modo in cui un campo gravitazionale possa essere visto come una curvatura dello spaziotempo causata dalla presenza di una massa. Ma cosa succederebbe se avessimo sott'occhio un corpo con una densità estrema, in grado di generare una curvatura dello spaziotempo caratterizzata da una velocità di fuga superiore a quella della luce? Ci troveremmo d'innanzi a un *buco nero*.

Come abbiamo visto nei precedenti capitoli, nessun oggetto dotato di massa può muoversi nello spaziotempo ad una velocità maggiore di quella della luce: ciò significa che nessun corpo entrato in un buco nero può più uscirne, nemmeno i fotoni. Il fatto che la luce stessa rimanga intrappolata in quella regione così estrema conferisce invisibilità ai buchi neri, che appaiono scuri e uguali in tutte le direzioni. Nati dalla morte di giganti rosse, questi misteriosi oggetti cosmici ricoprono regioni sferiche, con una superficie chiamata *orizzonte degli eventi*: qualsiasi corpo, qualsiasi particella o impulso luminoso che la oltrepassa non può più tornare indietro. In particolare, il raggio dell'orizzonte si chiama *raggio di Schwarzschild*, e dipende dalla quantità di massa che ha creato il buco nero. Ad esempio, una stella dieci volte più grande del Sole produrrebbe un buco nero con un raggio di trenta chilometri, mentre un buco nero di un milione di masse solari, come quelli che si trovano al centro delle galassie, avrebbe un raggio di circa tre milioni di chilometri. Qualsiasi corpo, se compresso in una sfera con un raggio pari al raggio di Schwarzschild corrispondente alla sua massa, potrebbe teoricamente diventare un buco nero: se immaginassimo di comprimere la Terra in una sfera di circa venti millimetri di diametro, essa si comporterebbe come uno di questi divoratori cosmici. Non dobbiamo però immaginarci un buco nero come un oggetto che risucchia tutto ciò che esiste intorno a lui: infatti la sua gravità al di fuori dell'orizzonte degli eventi è identica a quella di un oggetto con la stessa massa che però non è un buco nero; i pianeti possono orbitare tranquillamente attorno a questi oggetti, esattamente come la Terra orbita intorno al Sole.

I problemi sorgono solamente in prossimità dell'orizzonte degli eventi: immaginiamo di lanciare un orologio dentro un buco nero e di guardare dall'esterno ciò che accade. Secondo la relatività generale di Einstein, il tempo scorre più lentamente in prossimità di una massa, dove il campo gravitazionale è più intenso. Dall'esterno vedremmo dunque il ticchettio dell'orologio rallentare, fino a fermarsi: non lo vedremmo mai attraversare l'orizzonte, anche aspettando in eterno. Inoltre, la lunghezza d'onda emessa dalla luce dell'orologio verrebbe stirata a causa dell'immensa gravità del buco nero, aumenterebbe subendo il fenomeno del *redshift gravitazionale*, fino ad uscire dalla banda visibile, portando l'orologio a sbiadire lentamente, svanendo, come per magia, inghiottito dall'oscurità. Questo è esattamente ciò che succederebbe se guardassimo il collasso di una stella che sta diventando un buco nero: la vedremmo rimpicciolire, diventare sempre più densa e buia, ma non vedremmo mai la sua superficie attraversare l'orizzonte degli eventi. Per questo motivo, il primo nome che fu suggerito per i buchi neri fu *frozen star*, ovvero "stella congelata". Al contrario, se fossimo noi ad avvicinarci al buco nero, non noteremmo nulla di speciale se restassimo al di fuori dell'orizzonte dove, spendendo moltissima energia, potremmo anche invertire la rotta e tornare indietro. In tal caso l'unico effetto di cui risentiremmo sarebbe la dilatazione dei tempi dettata dalla relatività, che sarebbe molto accentuata. D'altro canto, se attraversassimo l'orizzonte degli eventi non potremmo più tornare indietro e noteremmo uno scambio tra coordinate spaziali e temporali. All'esterno del buco nero, infatti, è possibile rimanere fermi nello spazio, ma non nel tempo, in quanto ci muoviamo inesorabilmente verso il futuro. Superato l'orizzonte, invece, non è possibile in alcun modo restare fermi nello spazio, nemmeno spendendo una quantità infinita di energia: lo scorrere del tempo implica necessariamente uno spostamento verso il centro del buco nero, il punto in cui è presente una *singolarità.* Non si avrebbe dunque via di salvezza.

In realtà, non arriveremmo nemmeno fino a quel punto in quanto la gravità ci schiaccerebbe e ci stirerebbe, rendendoci di dimensioni atomiche. In particolare, per i buchi neri più piccoli questo processo potrebbe avvenire anche prima di aver oltrepassato l'orizzonte degli eventi, in quanto sono dotati di una densità ancora più estrema rispetto a quella di buchi neri più grandi.

Una volta giunti nella singolarità, secondo la relatività ci troveremmo in un punto caratterizzato da una densità infinita, in cui non esisterebbero più né spazio né tempo. Dunque, la relatività non basta per descrivere cosa succederebbe al centro di un buco nero e la fisica di cui oggi siamo a disposizione non è sufficiente per farci capire cosa succederebbe una volta giunti a quel punto: l'unico modo per saperlo sarebbe avventurarci personalmente all'interno di una frozen star, ma sarebbe impossibile raccontare ai nostri posteri ciò che vedremmo.

Stephen Hawking, svolgendo degli accurati calcoli nell'ambito della teoria quantistica dei campi in uno spaziotempo curvo, si è accorto che in realtà i buchi neri non sono poi così neri: infatti, a livello teorico, sono in grado di creare delle particelle attraverso un fenomeno che venne chiamato *radiazione di Hawking*. Uno dei modi più immediati per capire questo fenomeno è ragionare sul fatto che, in meccanica quantistica, nessun sistema può avere un energia completamente nulla: ogni sistema ha un livello minimo di energia, anche quando tale sistema coincide con quello che comunemente chiamiamo *vuoto*. In particolare, l'energia del vuoto viene detta *energia di punto zero*.

Nel momento in cui si fa incrociare questa teoria con la relatività, ci si può domandare cosa accadrebbe ad un sistema quantistico con energia minima, se venisse collocato in una zona dotata di uno spaziotempo molto curvo, come quella in prossimità di un buco nero. Ciò che si ottiene è che l'energia di punto zero vicino ad un buco nero è molto più alta rispetto a quella misurata in zone lontane da questo oggetto cosmico. In vicinanza di un buco nero vediamo dunque il formarsi di energia e possiamo immaginare che essa venga fornita proprio dal buco nero, il responsabile della curvatura dello spaziotempo. Possiamo concludere, grazie alla relatività, che l'energia creata sia associata ad una perdita di massa dell'oggetto cosmico, che evapora lentamente emettendo radiazione elettromagnetica.

In dettaglio, sappiamo che nella teoria quantistica dei campi, ovvero nel moderno modo di osservare tutti i campi del nostro Universo, ad ogni particella è associato un campo quantistico. Se consideriamo, ad esempio, il campo elettromagnetico, esso può essere descritto mediante degli operatori di creazione e distruzione dei quanti del campo elettromagnetico, ovvero dei fotoni. Essi sono degli strumenti matematici che forniscono delle specifiche informazioni, come il numero di fotoni situati all'interno di una porzione di spazio in cui è presente un campo elettromagnetico. Questo numero non è un valore costante, in quanto le particelle in una porzione di spazio possono interagire tra loro, annichilendosi o creandone delle nuove: di conseguenza, un campo quantistico può essere visto come un insieme di probabilità di creazione e distruzione di particelle, contenute nei rispettivi operatori matematici. Nel momento in cui Stephen Hawking parla di "creazione di particelle a causa di buchi neri", si riferisce all'operatore di creazione: infatti il suo ragionamento fu piuttosto semplice, ma affiancato da una matematica molto complessa. Egli immaginò di considerare un campo in cui ci sia una specifica probabilità di creare e distruggere particelle, e di spostarlo sempre di più in prossimità dell'orizzonte degli eventi di un buco nero, per poi allontanarlo nuovamente dal corpo celeste. Ciò di cui possiamo accorgerci è che, a causa della zona in cui lo spaziotempo è molto curvo, il numero di particelle all'interno del campo quantistico è aumentato e ciò, a livello tecnico, implica un incremento dell'operatore di creazione. Le nuove particelle sono state dunque create dalla causa della deformazione di quella zona di spaziotempo, ovvero dal buco nero e, per via del principio di conservazione della massa e dell'energia, è proprio il buco nero che ha perso parte della sua massa-energia.

Le particelle che sono state create sono principalmente fotoni, ciò significa che il buco nero emette della radiazione elettromagnetica e, per tale motivo, possiamo associare al buco nero una temperatura (ricavata da Stephen Hawking) dovuta ad una radiazione termica, esattamente come un corpo nero che si trova ad una determinata temperatura.

Questi misteriosi corpi celesti godono inoltre di altre proprietà, che presentano delle spaventose simmetrie con i principi della termodinamica, un ramo della fisica che si occupa dello studio di trasformazioni del calore in lavoro e viceversa. In particolare, il principio zero della termodinamica sostiene che un corpo all'equilibrio termodinamico gode di una temperatura costante in tutti i suoi punti e che, di conseguenza, affinché due corpi siano in mutuo equilibrio una condizione necessaria è l'uguaglianza delle loro temperature. Su questo principio poggiano gli altri tre. Il primo principio della termodinamica afferma che la variazione di energia di un sistema è data dalla somma delle interazioni di tipo lavoro e calore che coinvolgono quel sistema. Mettendo in gioco una nuova grandezza fisica, l'*entropia*, la quale rappresenta la quantità di energia non disponibile del sistema considerato, ovvero il suo "disordine", possiamo enunciare, in maniera semplificata, il secondo principio della termodinamica che, a mio parere, rappresenta uno dei principi più belli della fisica. Esso afferma che l'entropia di un sistema termodinamico isolato è in continuo aumento e dunque, siccome l'Universo può essere considerato come un sistema isolato, l'entropia del Cosmo aumenta incessantemente. Il terzo e ultimo principio della termodinamica, che assume nella meccanica quantistica il suo vero significato, afferma che non è possibile raggiungere, attraverso un numero finito di processi, la temperatura dello zero assoluto, ovvero lo 0 Kelvin, che corrisponde a -273,15 gradi centigradi.

Per quanto riguarda i buchi neri, essi sono contenuti all'interno della superficie dell'orizzonte degli eventi, la quale presenta la stessa gravità in tutti i suoi punti, un fattore analogo al principio zero. Inoltre, la loro massa relativistica può essere modificata variando l'area della superficie totale dell'orizzonte degli eventi o compiendo del lavoro sul buco nero, una simmetria che rispecchia a pieno il primo principio della termodinamica. Nel 1971, Stephen Hawking dimostrò un importante teorema, detto *teorema dell'area*, il quale afferma che la superficie dell'orizzonte degli eventi di un buco nero non avrebbe mai potuto diminuire, e con essa nemmeno la somma delle aree di tutti i buchi neri dell'Universo. Un po' come l'entropia per il secondo principio della termodinamica. Infine, la gravità di superficie di un buco nero non può mai raggiungere un valore nullo attraverso un numero finito di processi: più ci avviciniamo allo zero, più è difficile diminuire ulteriormente il suo valore, giungendo così ad un limite, esattamente come accade con la temperatura nel terzo principio della termodinamica.

L'analogia è così evidente che oggigiorno di parla di *termodinamica dei buchi neri*: infatti, grazie a Stephen Hawking, abbiamo capito che anche i buchi neri sono in grado di emettere una radiazione, tuttavia non abbiamo ancora capito a fondo il perché esistano queste relazioni, in quanto non siamo ancora in possesso una teoria quantistica della gravità. Tutti questi elementi serviranno però in futuro per instaurare una teoria solida con cui potremmo descrivere più a fondo il nostro Universo e, in particolare, i buchi neri che esistono in esso, come quello al centro della Via Lattea. Abbiamo visto che osservando un buco nero al di fuori del suo orizzonte degli eventi non accadrebbe nulla di pericoloso, ciò non significa però che qualsiasi pianeta possa orbitare intorno al buco nero senza risentirne effetti drastici: infatti attorno ad un buco nero le orbite stabili sono consentite fino ad una determinata distanza, chiamata ISCO, acronimo di *Innermost Stable Circular Orbit*, ovvero "orbita circolare stabile più interna". Se un pianeta orbitasse ad una distanza minore di ISCO, sarebbe inevitabile la sua caduta all'interno dell'orizzonte degli eventi. In particolare, per i buchi neri non rotanti questa distanza è pari al triplo del raggio dell'orizzonte, mentre per i buchi neri rotanti il raggio dell'orbita stabile diventa tanto più piccolo quanto maggiore è la sua velocità di rotazione: questo è il motivo per cui, nel celebre film *Interstellar*, il cui direttore scientifico è stato il famosissimo fisico teorico Kip Thorne, il protagonista non si è disintegrato in prossimità dell'orizzonte del buco nero, che ruotava a velocità prossime a quelle della luce.

In generale, bisogna essere molto vicini ad un buco nero per precipitare al suo interno, ma ciò può accadere, ad esempio, alla materia che lo circonda, la quale forma un disco di accrescimento attorno ad esso. Vicino a un buco nero, infatti, orbitano particelle a velocità molto elevate che, riscaldandosi e producendo energia, emettono una quantità di luce tanto alta da far brillare il disco di accrescimento più di tutte le stelle di una galassia messe insieme. In questo caso il buco nero da origine ad un *quasar,* una sorgente luminosa che può essere vista anche a miliardi di anni luce di distanza, una sorgente di energia tra le più potenti del nostro Universo. Oltre all'enorme disco, si possono produrre anche getti di materia espulsi a velocità relativistiche, che prendono il nome di *jet relativistici*. I quasar sono osservabili nelle galassie più lontane dell'Universo, ovvero nelle galassie più giovani che presentano un nucleo estremamente attivo. Tra tutti questi divoratori di mondi, il più grande che siamo mai riusciti ad osservare è il quasar TON 618, situato nella costellazione dei Cani da Caccia, in cui cade inesorabilmente materia con velocità che superano i 10'000 km/s. La sua luminosità è tale da eclissare completamente tutta la luce emessa dalla sua galassia; la sua massa supera le 66 miliardi di volte quella del Sole e il suo di orizzonte degli eventi ha un diametro di 390 miliardi di chilometri, più di 40 volte la dimensione dell'orbita di Nettuno. Per fare un paragone, se il nostro Sole fosse piccolo come una pallina da tennis, TON 618 avrebbe comunque un diametro di circa due milioni di chilometri. Questo colosso cosmico si è probabilmente formato da collisioni galattiche, ovvero dalla fusione dei buchi neri supermassivi situati nel centro delle galassie coinvolte. TON 618 è il buco nero più grande mai rilevato fino ad ora.

Il buco nero nel centro della nostra neonata galassia è stato anch'esso un quasar, un nucleo galattico estremamente attivo che ha ingoiato materia ad un ritmo pazzesco, rallentando nel tempo e diventando dormiente. Tuttavia, se una stella particolarmente sfortunata si avvicinasse troppo al suo orizzonte, avverrebbe un *evento di distruzione mareale*: il lato della stella che si affaccia al buco nero verrebbe attratto con una forza estremamente maggiore rispetto a quello opposto, provocando la cosiddetta *spaghettificazione* della stella e il risveglio di un disco di accrescimento molto luminoso. Ma cosa succederebbe se un evento di distruzione mareale accadesse oggi e riguardasse il buco nero al centro della nostra galassia?

La fase di massimo accrescimento del nostro buco nero è accaduta 8 miliardi di anni fa ed è durata per circa un miliardo di anni, quando il nostro pianeta non esisteva ancora. Tuttavia, anche se fosse esistito, non avrebbe risentito di alcun effetto particolare, in quanto è collocato a 26 mila anni luce di distanza.

Non tutti i pianeti sono però fortunati come la nostra Terra, un luogo unico e speciale. Secondo le ricerche dell'astrofisico italiano Amedeo Balbi, infatti, altri pianeti nelle regioni più interne potrebbero invece aver perso la maggior parte della loro atmosfera e le radiazioni ad alta energia potrebbero aver portato drastiche conseguenze per la vita su tali pianeti, ammesso che ce ne fosse. L'abitabilità dei pianeti risulterebbe dunque maggiore nelle periferie delle galassie rispetto a zone più centrali, che rischierebbero maggiormente di risentire effetti dovuti all'attività del buco nero supermassiccio.

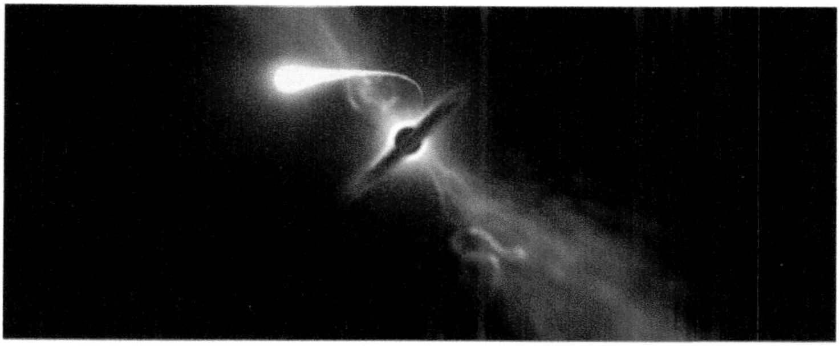

Immagine artistica che mostra la morte di una stella per spaghettificazione, avvenuta a poco più di 215 milioni di anni luce da noi. La ricerca è stata pubblicata il 12 ottobre 2020 dalla rivista Monthly Notices of the Royal Astronomical Society.

Fonte e crediti: European Southern Observatory

Rappresentazione artistica del quasar 3C 279 derivata dall'osservazione combinata di APEX, in Cile, di SMA,

nelle Hawaii e di SMT, in Arizona. Secondo le stime, questo quasar è caratterizzato da un buco nero con massa di un miliardo di volte quella del Sole ed è distante più di cinque miliardi di anni luce.

Fonte e crediti: European Southern Observatory

Come abbiamo visto con TON 618, può accadere che due galassie si scontrino e che i buchi neri situati nel loro centro interagiscano, ruotando uno attorno all'altro fino a collidere formando oggetti cosmici ancora più grandi.

Questo evento è stato osservato per la prima volta il 14 settembre 2015 da due antenne gravitazionali posizionate sulle coste degli Stati Uniti, attraverso la rilevazione di *onde gravitazionali* prodotte dalla collisione di due buchi neri con una massa rispettivamente di 29 e 36 masse solari: in pochi decimi di secondo una massa di circa tre volte quella del Sole è stata completamente convertita in energia e irraggiata sotto forma di vibrazioni nello spaziotempo, propagate nell'Universo alla velocità della luce, che ci hanno raggiunto dopo oltre un miliardo di anni. Per fare un paragone, se la stessa energia fosse stata emessa sotto forma di onde elettromagnetiche, la luce prodotta sarebbe stata decine di volte più brillante di tutte le stelle del Cosmo messe insieme. Questa scoperta portò Barry Barish, Kip Thorne e Rainer Weiss ad essere premiati con il Nobel per la fisica nel 2017, confermando sperimentalmente una previsione della relatività generale, ipotizzata da Einstein già nel 1916. Secondo questa teoria, infatti, la gravità non è una forza, ma una manifestazione della curvatura dello spaziotempo: se la massa che causa tale curvatura cambia nel tempo o modifica la sua posizione, anche il suo effetto muterà. Tuttavia il cambiamento non è istantaneo, si propaga come un'onda alla velocità della luce, un'onda gravitazionale, per l'appunto. Le onde gravitazionali sono deformazioni nello spaziotempo che alterano lunghezze e intervalli temporali lungo il loro percorso. Per visualizzare questo fenomeno, si può immaginare una palla di gelatina che, una volta subito un urto, si comprime nel punto dove è stata colpita per poi stirarsi nuovamente e, con una vibrazione, tornare nelle condizioni di partenza. Qualunque movimento di una massa rispetto ad un'altra provoca un'onda gravitazionale che deforma gli oggetti nello spaziotempo, esattamente come se fossero palline di gelatina. Tuttavia, solo oggetti straordinariamente densi e in moto a velocità molto elevate possono generare effetti misurabili, come stelle di neutroni in rotazione o buchi neri che orbitano uno attorno all'altro con rapide velocità, fino a scontrarsi e collidere in oggetti ancora più estremi.

4.2 - L'invisibile nel visibile

Tuffandoci nuovamente nella mitologia greca, continuiamo la narrazione del mito di Prometeo.
Dopo averlo incatenato, Zeus volle punire anche l'intera umanità per l'atto subito e ordinò al dio Vulcano di creare una donna, chiedendo poi a tutti gli dei di farle un dono. Tra tutti, ci fu chi la omaggiò della bellezza, chi del coraggio, chi della vita. La donna venne chiamata Pandora (che significa *tutti i doni*) e Zeus, infine, le regalò un vaso, con la raccomandazione di non aprirlo mai. Tuttavia, alla fanciulla venne donata anche la curiosità e, non resistendo alla tentazione, ignorò le parole del padre degli dei e aprì il vaso che le era stato donato. In quell'istante fuoriuscirono da esso tutti i mali del mondo, che si sparsero sul pianeta provocando nefaste conseguenze come malattie, delusioni, carestie, guerre e violenze. Per ultima, dal vaso, uscì la speranza, l'unico elemento che è in grado di farci sentire vivi anche nei momenti in cui ci crediamo morti. La curiosità di Pandora è stata più forte del suo animo ed è una

caratteristica intrinseca a tutti noi: lo stesso Einstein non si definiva intelligente, ma solo una persona estremamente curiosa. Questa qualità, come afferma Dante attraverso le famose parole di Ulisse "Fatti non foste a viver come bruti, ma per seguir virtute e canoscenza" (*Divina Commedia, Inferno, canto XXVI*), è in noi connaturata e ci spinge a studiare a fondo il nostro Universo, ad osservare ciò che ci circonda, a scrutarlo con grandissima attenzione e altrettanta disciplina, ammirando le meraviglie che fino ad ora sono state descritte in questo libro: nebulose, pianeti, stelle, galassie e persino gli effetti che un buco nero provoca sulla materia circostante. Tuttavia questo non è tutto. Ciò che noi riusciamo ad osservare costituisce solo una piccola percentuale dell'Universo. La *materia oscura* è ciò che non riusciamo a vedere nella regione di Cosmo che siamo in grado di vedere, ma cos'è esattamente? Come siamo sicuri che esista se non riusciamo ad osservarla?
Come per i buchi neri, possiamo, almeno per il momento, studiare la materia oscura solamente attraverso gli effetti che essa esercita sui corpi circostanti: non emette infatti radiazione elettromagnetica e non interagisce con la materia ordinaria se non per effetto della sua attrazione gravitazionale.

La sua presenza risulta estremamente evidente quando si tenta di pesare una galassia osservando la velocità rotazionale delle sue stelle, il cui valore è ricavabile dall'uguaglianza tra la legge di gravitazione universale e la forza centripeta risentita dalla stella durante la sua rotazione, esprimendo così la condizione di orbita di un corpo celeste. Inoltre, quando si considerano le velocità di più stelle poste a distanze differenti dal nucleo galattico, ciò che si determina non sono solo dei valori di velocità, ma valori che descrivono anche la quantità di massa racchiusa dall'orbita di ogni singola stella, ovvero la causa dell'attrazione gravitazionale: in questo modo si è in grado di comprendere quale sia la distribuzione della massa dell'intera galassia e, di conseguenza, si è in grado di "pesarla".

Per effettuare tale misura bisogna dunque determinare la velocità delle stelle in orbita attorno al centro della galassia considerata, calcolo possibile attraverso l'utilizzo dell'*effetto Doppler*. Per comprendere e capire in cosa consista questo effetto fisico, utilizziamo un esempio. Immaginiamo un tennista fermo che lanci delle palline con il ritmo costante di una al secondo: se noi ci trovassimo ad una certa distanza da lui, riceveremmo esattamente una pallina al secondo. Tuttavia, se il tennista iniziasse a correre verso di noi lanciando comunque una pallina al secondo, noi le riceveremmo con un ritmo maggiore e, misurando questo aumento di frequenza, riusciremmo a calcolare con che velocità sta correndo il tennista. Questo effetto è largamente utilizzato in campo astronomico, ma applicato alle onde elettromagnetiche: se una sorgente che emette luce con una determinata frequenza si stesse avvicinando a noi, la frequenza luminosa che misureremmo sarebbe maggiore e dunque la luce ci apparirebbe tendente all'azzurro (*blueshift*); d'altro canto, se la stessa sorgente si stesse allontanando da noi, la frequenza luminosa che misureremmo sarebbe minore e dunque la luce ci apparirebbe tendente al rosso (*redshift*).

Quando osserviamo una galassia a spirale posta di taglio rispetto a noi, questo effetto provoca una differenza di lunghezza d'onda tra le stelle che, ruotando attorno al bulge di tale galassia, si avvicinano a noi, e quelle che invece sono in fase di allontanamento. Questa differenza di lunghezza d'onda gioca un ruolo chiave per il calcolo della curva di rotazione: osservando lo spettro della galassia e confrontando le sue righe di assorbimento con quelle di elementi perfettamente noti, come l'idrogeno, è possibile determinare la velocità di rotazione delle stelle. L'andamento teorico di questa curva è dettato dalla terza legge di Keplero, secondo cui più la distanza tra le stelle e il centro galattico è elevata, più la loro velocità di rotazione diminuisce. Tuttavia, le considerazioni teoriche sono totalmente contrastanti con i dati ricavati dagli esperimenti che mostrano come, man mano che ci si allontana dal centro, le velocità con cui orbitano le stelle rimangano approssimativamente costanti.

Tali misure sono state effettuate innumerevoli volte senza mai trovare un errore in grado di motivare questa incongruenza: la spiegazione più semplice, ma che suppone una scoperta rivoluzionaria, è che, oltre alla materia visibile, esista un altro tipo di materia che non emette radiazione elettromagnetica, che non interagisce in alcun modo con la materia visibile se non per mezzo della gravità, e che si estende molto oltre i confini della galassia.

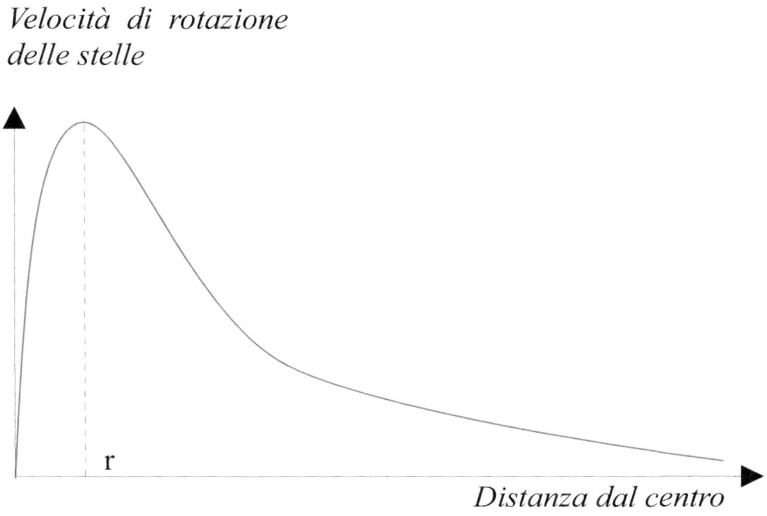

Andamento qualitativo della curva di rotazione teorizzata: all'interno del bulge la velocità di rotazione delle stelle aumenta con l'aumentare della distanza dal centro fino alla distanza r, oltre la quale le stelle sono collocate all'esterno del nucleo galattico, dove la loro velocità segue l'andamento della terza legge di Keplero. A seguire, l'andamento qualitativo della curva di rotazione sperimentale: le grandi velocità che si osservano si possono spiegare ammettendo che le galassie siano avvolte da un alone sferico di materia oscura, molto più esteso del loro disco. Tale materia, non emettendo radiazione elettromagnetica, resta a noi invisibile e interagisce con la

materia ordinaria attraverso la gravità. Se non fosse presente la materia oscura, le stelle non riuscirebbero a rimanere in orbita attorno al nucleo galattico con una tale velocità e si allontanerebbero in direzione tangente.

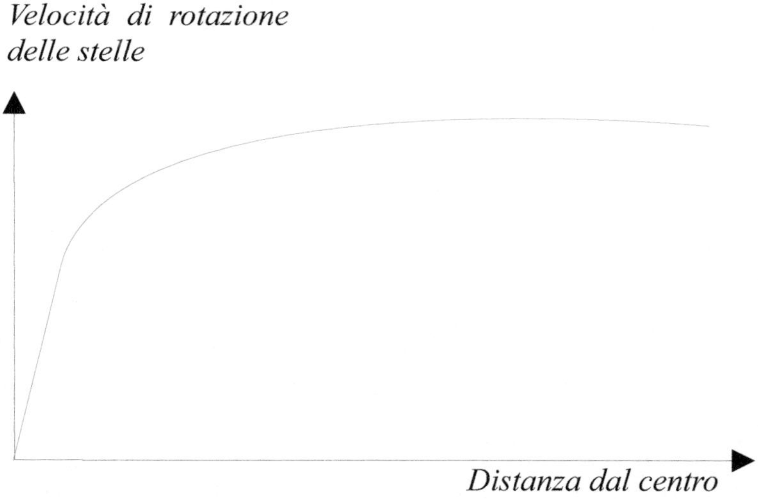

In particolare, la costruzione della curva di rotazione di una galassia a spirale mediante l'utilizzo del suo spettro e dell'effetto Doppler è stata oggetto dell'elaborato che esposi alla commissione, nel 2021, durante l'esame orale per il conseguimento del diploma di liceo scientifico. Grazie alla supervisione del mio professore di matematica, ho potuto studiare personalmente NGC 7083, una galassia a spirale barrata situata nella costellazione dell'Indo, a circa 134 milioni di anni luce di distanza da noi. Ho iniziato studiando lo spettro di una lampada caratterizzata da lunghezze d'onda note, per poi calcolare il rapporto tra il numero di pixel che separava due righe di tale spettro e la corrispettiva variazione in Armstrong [A] della loro lunghezza d'onda (1 Armstrong = 0,1 nanometri), ottenendo una scala di conversione A/pixel. Successivamente, utilizzando il software *SalsaJ*, ho effettuato numerose misure dei pixel che separavano un ramo dello spettro di NGC 7083 dal suo centro e dal centro della curva. Utilizzando poi la scala di conversione A/pixel ricavata in precedenza dallo studio della lampada, ho convertito le misure effettuate sullo spettro della galassia rispettivamente in Armstrong e in secondi d'arco (1 secondo d'arco è 1/3600 di grado). Con questi nuovi dati, mi sono avventurato nel calcolo della differenza delle lunghezze d'onda tra le coordinate generiche da cui ho effettuato le misure e quelle del centro della riga di emissione (avevo considerato la prima riga del doppietto dell'azoto). Infine, utilizzando l'equazione dell'effetto Doppler, ho potuto personalmente costruire la curva di rotazione sperimentale, un grafico sulla cui ascissa era collocata la distanza delle stelle dal centro galattico in secondi d'arco, e sulla cui ordinata si trovava la loro velocità orbitale in km/s, verificando l'esistenza della materia oscura. Ringrazio nuovamente il mio caro professore di matematica, che mi ha guidato e mi ha permesso di effettuare questo affascinante esperimento.

Ma cos'è questo misterioso elemento invisibile del nostro Universo? In che quantità è presente in esso?

Per rispondere a questa domanda dobbiamo riprendere il concetto di *lente gravitazionale.*

Nel capitolo sulla relatività generale abbiamo visto che una massa curva lo spaziotempo circostante ad essa, modificando anche la traiettoria degli oggetti in moto in quella zona: i raggi luminosi emessi da una stella, ad esempio, cambiano la loro direzione quando passano vicino al Sole, che si comporta come una vera e propria lente. La deflessione della luce è stata osservata svariate volte con estrema precisione, combaciando sempre di più con la teoria della relatività generale: questo fatto ha permesso di misurare la distribuzione di massa anche in aree in cui non è presente alcun corpo in orbita, grazie allo studio del modo in cui la luce curva la sua traiettoria quando costeggia una zona di spaziotempo in cui è collocata una massa. Confrontando la distribuzione di massa ottenuta con la quantità di massa effettivamente visibile possiamo dedurre la differenza tra questi due valori, che coincide con la quantità di materia oscura presente nella zona analizzata. Grazie all'utilizzo delle lenti gravitazionali si è riuscito a capire che la quantità di materia oscura è circa cinque volte più abbondante rispetto a quella ordinaria. Il "cosa sia" questa misteriosa materia presente all'interno del nostro Universo è ancora oggi oggetto di numerose ricerche, ma siamo abbastanza sicuri da poter avanzare diverse affermazioni. Per prima cosa, le particelle di materia oscura non possono essere le stesse che compongono la materia ordinaria, con la quale interagisce molto poco: fino ad oggi è stata osservata solo un'interazione gravitazionale e, qualora ne esistessero delle altre, queste sarebbero molto deboli. Inoltre, la materia oscura deve essere molto stabile in quanto nell'Universo primordiale la sua percentuale era circa la stessa di quella attuale: la particella di cui è composta deve avere quindi un'età paragonabile a quella del nostro Cosmo. Questa materia costituisce circa il 25% del nostro Universo e nel momento in cui, per effetto della gravità, zone dello spazio più dense iniziarono ad aggregarsi dando vita alle stelle, la materia oscura ha svolto un ruolo fondamentale, dal momento che era presente in notevole quantità. In particolare, se la velocità delle particelle che compongono questa materia fosse molto elevata, ovvero se la materia oscura fosse calda, il processo di raggruppamento della massa all'interno del Cosmo sarebbe stato molto più lento e ciò che noi attualmente osserveremmo si troverebbe in uno stato totalmente diverso. Capiamo così che questa misteriosa materia dev'essere necessariamente fredda.

Le poche, ma importanti, informazioni di cui oggigiorno siamo a conoscenza forniscono le basi per la ricerca della particella costituente la materia oscura. Il *modello standard* descrive la composizione della materia ordinaria, la quale è formata da molto più di protoni, neutroni ed elettroni. I primi due, in particolare, non sono particelle elementari, in quanto composti da quark: un protone è composto da tre quark, due della tipologia chiamata *up* e uno della tipologia chiamata *down*; se volessimo descrivere con dei simboli la composizione di un protone, sarebbe del tipo $p=uud$. D'altro canto, un neutrone ha una combinazione che è esattamente la duale, del tipo $n=ddu$. I quark sono delle particelle elementari, ovvero particelle indivisibili, proprio come l'elettrone. In precedenza, durante i vari capitoli del libro, abbiamo citato più volte i *neutrini*: la loro esistenza fu ipotizzata nel 1930 dal fisico Wolfgang Pauli e, in base a ciò che sappiamo fino ad ora, sono delle particelle elementari come i quark e gli elettroni. Il gruppo formato da quark (up e down), elettrone e neutrino viene chiamato *prima famiglia delle particelle elementari* o *famiglia dell'elettrone.* Oltre a questa famiglia, ne conosciamo altre due, quella del *muone* e del *tauone.* Queste due particelle sono molto simili all'elettrone, ma differiscono per la loro massa, rispettivamente 200 e 3500 volte maggiore di quella elettronica. Le loro famiglie, così come quella dell'elettrone, sono formate dai rispettivi neutrini e dalle rispettive coppie di quark. Tutto ciò costituisce le fondamenta della materia: ogni singolo elemento che possiamo osservare è composto da atomi, che a sua volta sono formati da particelle della prima famiglia; nei raggi cosmici si possono osservare particelle della seconda e terza famiglia, così come negli acceleratori di particelle.

Un altro fattore chiave del modello standard è il concetto di interazione tra particelle elementari. Tutte le interazioni che possiamo osservare tra oggetti e sostanze sono riconducibili a quattro tipologie fondamentali: quella gravitazionale, quella elettromagnetica, quella forte e quella debole. Senza di esse, la vita non sarebbe stata mai possibile: la gravità ha permesso alle stelle e ai pianeti di nascere, la forza elettromagnetica agli atomi di formarsi, la forza forte è responsabile del legame tra i quark in un protone o in un neutrone, mentre il legame debole è causa dei processi che producono luce e calore all'interno delle stelle.

Affinché la particella che costituisce la materia oscura (che chiameremo particella X) trovi posto all'interno del modello standard, si sta ragionando molto sull'Universo primordiale e, in particolare, sulle fasi di annichilazione tra particelle e antiparticelle. Se le interazioni della particella X fossero state troppo intense, l'annichilazione iniziale sarebbe stata eccessiva, causando un difetto di materia oscura. In altre parole, se gli eventi di annichilazione fossero accaduti con un'intensità maggiore di quella teorizzata, vedremmo molta meno materia oscura di quanta effettivamente è. D'altro canto, se le interazioni della particella X fossero state troppo deboli, ne osserveremmo un quantitativo maggiore. L'idea è dunque, mediante adeguati esperimenti, di trovare una particella che soddisfi questo delicato equilibrio. L'impresa è tuttavia molto ardua, in quanto non conosciamo la massa della particella X, la sua intensità e nemmeno il tipo di interazione con la materia ordinaria. Per il momento, i candidati per ricoprire il ruolo della particella costituente la materia oscura sono gli assioni, ipotizzati negli anni Ottanta, molto stabili e con una massa molto piccola, che interagiscono ben poco con la materia ordinaria e prodotti in grandi quantità nell'Universo primordiale. Tuttavia, gli studiosi non scartano nemmeno l'idea di particelle WIMP, acronimo di *Weakly Interacting Massive Particle,* in italiano "particella massiva ad interazione debole", la cui esistenza sarebbe postulata da un sottile problema che riguarda il modello standard.

Per ora resta ancora un mistero, la ricerca continua e forse un giorno la natura ci svelerà anche questo meraviglioso segreto, che ci permetterà di compiere ulteriori passi verso la comprensione del nostro Universo.

Capitolo 5 – Dubbi esistenziali

"Forse" è la parola più bella del vocabolario italiano. Perché apre delle possibilità, non certezze. Perché non cerca la fine, ma va verso l'infinito.

Giacomo Leopardi

5.1 - Vita extraterrestre

Numerose leggende sono state tramandate da generazione in generazione per secoli, numerosi miti sono stati raccontati dai migliori oratori: dalle storie della mitologia greca a quella egizia, dalle rune norrene ai misteriosi Moai dell'Isola di Pasqua, fino a leggende che non riguardano più nemmeno la civiltà umana, ma quella aliena. Nel deserto peruviano, su un arido altopiano situato a sud-est di Lima, sono tracciate centinaia di linee estremamente lunghe, bianche e dritte, apparentemente senza logica. Unendole, tuttavia, nascono figure geometriche e disegni di animali, come raffigurazioni di ragni e colibrì: stiamo parlando delle linee di Nazca, datate circa 2000 anni fa e che oggigiorno vengono spesso citate come uno dei migliori esempi di reperti alieni sul nostro pianeta, a causa della loro misteriosa natura. In realtà, l'origine di queste linee discende probabilmente dai culti di antiche tribù, e non da civiltà extraterrestri, delle quali non abbiamo mai avuto una prova di esistenza. Il già citato astrofisico italiano Amedeo Balbi, come tanti altri ricercatori, si sta occupando soprattutto di astrobiologia e abitabilità degli esopianeti, interrogativi da sempre intrinsechi nelle profondità dell'animo umano.

Per ora, l'unico pianeta che conosciamo in grado di ospitare vita è la Terra, su cui vivono diverse specie, tra cui la razza umana, che è giunta ad un livello di tecnologia tale da avere un impatto rilevante sul proprio pianeta, modificando intenzionalmente l'ambiente, rendendolo visibile anche a grandi distanze. Ad esempio, se un astronomo alieno osservasse la faccia della Terra non esposta al Sole, vedrebbe una notevole quantità di luce proveniente da diverse zone del pianeta dovuta all'illuminazione notturna delle grandi città, capendo così che sulla Terra esiste una forma di vita intelligentemente avanzata.

Dunque, possiamo porci il seguente interrogativo: nel nostro Cosmo esistono, oltre a noi, delle forme di vita sufficientemente avanzate con cui potremmo comunicare?

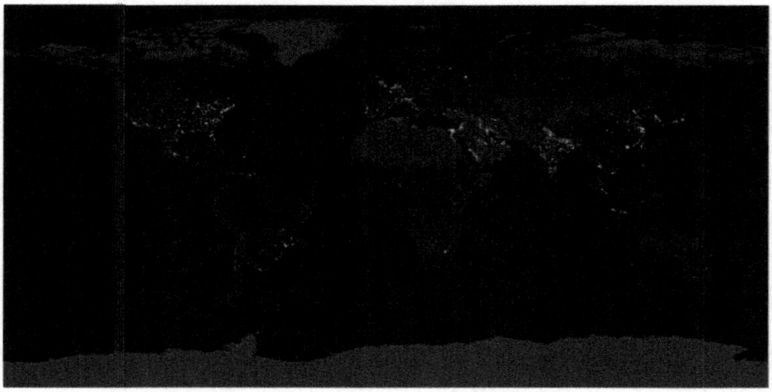

Immagine della Terra, realizzata dalla Nasa grazie al satellite Suomi, capace di effettuare misure quantitative delle emissioni luminose, permettendo di distinguere l'intensità e il tipo di sorgenti di luce notturna lungo svariati anni. A seguire, uno zoom sul continente europeo.

Nel nostro Universo esistono centinaia di miliardi di galassie, ciascuna delle quali contiene centinaia di miliardi di stelle come il Sole, tant'è vero che ci sono più stelle nell'Universo di quanti granelli di sabbia esistano in tutte le singole spiagge della Terra. Inoltre, se consideriamo che ogni singola stella presenta la possibilità di avere un sistema planetario, la probabilità che nel Cosmo esista almeno un pianeta oltre al nostro in grado di ospitare vita è molto elevata. A questo proposito, nell'estate del 1950, mentre era a pranzo con alcuni colleghi, Enrico Fermi fece una domanda che passò alla storia, ovvero: "*dove sono tutti quanti?*". Il fisico italiano si riferiva alle civiltà aliene, chiedendosi come mai, se davvero l'Universo ospita altre forme di vita intelligenti, queste non abbiano mai comunicato con noi, e come mai, se tali forme di vita fossero apparse nell'Universo molto prima dell'uomo, non abbiano iniziato prima di noi un'esplorazione galattica. L'enigma venne battezzato *paradosso di Fermi* e la risposta risiede nell'enorme dimensione del nostro Universo, nei soli 400 mila anni in cui l'uomo esiste sulla Terra e, in particolare, nei pochi decenni in cui l'uomo ha iniziato l'esplorazione del Cosmo. Infatti, anche le nostre sonde Voyager, in grado di viaggiare a 60'000 km/h rispetto al

Sole, ci impiegherebbero decine di migliaia di anni per raggiungere le stelle più vicine, un tempo lunghissimo se paragonato alla vita di un essere umano, ma molto breve se paragonato all'età dell'Universo. Di conseguenza, una civiltà che avrebbe iniziato milioni di anni fa ad inviare altrove delle sonde nella nostra galassia, avrebbe magari completato l'impresa molto prima della nostra comparsa sulla Terra: si giunge così ad un problema di sincronia. Forse, dunque, nei 13,8 miliardi di anni del nostro Universo sono esistite numerose forme di vita intelligenti, ma la loro presenza si è sempre estinta, o per via di cataclismi naturali o a causa del raggiungimento di un'intelligenza talmente avanzata da creare problemi irrisolvibili, giungendo così all'autodistruzione. L'Universo è talmente grande e la durata di vita di una specie intelligente è talmente breve che non c'è tempo per comunicare.

Il nostro Cosmo sembra dunque molto silenzioso, fino ad ora non siamo riusciti a rilevare nessun segnale di forme di vita intelligenti al di fuori del nostro pianeta. Il motivo di ciò potrebbe risiedere, inoltre, nella rarità della formazione di vita intelligente nell'Universo: la sua comparsa è avvenuta sulla Terra nell'arco di miliardi di anni e, in generale, le condizioni necessarie affinché compaia la vita sulla superficie di un pianeta sono molto difficili, mentre l'evoluzione biologica che porta tale vita ad assumere un livello di intelligenza sufficientemente elevato risulta alquanto complicata. Tuttavia, non sappiamo ancora quale sia la probabilità con cui una civiltà come la nostra appaia su un generico pianeta, né tanto meno conosciamo la probabilità con cui, una volta progredita, possa raggiungere uno stadio di tecnologia sufficientemente avanzato per comunicare con altre civiltà viventi in luoghi remoti del Cosmo. Non possiamo nemmeno convincerci dell'idea che esista altra vita nel nostro Universo solo perché ci appare strana l'idea che la Terra, un pianeta tra centinaia di miliardi, sia l'unica ad ospitarla. Non basta seguire la legge dei grandi numeri che, dal punto di vista statistico, risulta fallace, esattamente come se considerassimo un'urna contenente cento palline bianche e una nera: se una persona pescasse al primo tentativo la pallina nera è logico che penserebbe che non sia l'unica di quel colore contenuta nell'urna, quando in realtà è proprio così. Analogamente, se la nascita di una forma di vita intelligente è un evento estremamente improbabile, può anche essere che sia capitata una volta sola. Una stima probabilistica del numero N di possibili civiltà tecnologiche di cui possiamo ricevere qualche tipo di evidenza è stata fornita dall'equazione formulata da Frank Drake.

Egli fu un astronomo e astrofisico statunitense che, nel 1961, fece una riunione a cui invitò molti studiosi delle più disparate discipline, con cui provò a discutere sulla ricerca di una forma di vita intelligente all'interno del nostro Universo, e a cui mostrò una formula che passò alla storia con il nome di *equazione di Drake.*

$$N = R \cdot F_p \cdot N_e \cdot F_l \cdot F_i \cdot F_c \cdot \frac{L}{T}$$

Dove il numero totale di stelle che esistono nella nostra galassia viene indicato con *R*. In quest'equazione si considera solo il numero di stelle presenti nella Via Lattea in quanto con gli strumenti di osservazione attuali riusciremmo a captare solamente forme di vita intelligenti in un raggio molto ristretto attorno a noi, dell'ordine di qualche migliaio di anni luce. La frazione di stelle contenute nella nostra galassia che godono della presenza di un sistema planetario viene indicata con *Fp* e il numero di pianeti abitabili per ogni sistema planetario, con *Ne*. Questi primi tre fattori ci dicono quanti sono i pianeti che potrebbero potenzialmente ospitare vita all'interno della nostra galassia. Rispetto a sessanta anni fa, l'uomo ha compiuto enormi passi: infatti abbiamo una stima piuttosto affidabile del numero di questi pianeti e pensiamo siano circa 40 miliardi.

I successivi fattori non hanno più a che fare con l'astrofisica, ma con la biologia: infatti non basta trovare il numero di pianeti adatti ad ospitare vita, ma anche in quanti tra questi essa sia effettivamente comparsa. Questa frazione di pianeti viene indicata con *Fl.* I primi quattro termini indicano dunque il numero di pianeti della nostra galassia in cui è comparsa la vita, ma non per forza intelligente, si può parlare anche di microscopici batteri, organismi unicellulari o piccole piante. D'altro canto, la frazione di pianeti su cui è apparsa una forma vita che, evolvendosi nel tempo, sia diventata intelligente, viene denominata con *Fi.* Inoltre, giunti a questo punto, bisogna domandarsi quante tra queste civiltà intelligenti abbiano sviluppato una tecnologia sufficientemente avanzata da lasciare tracce visibili da lontano, da un luogo esterno al loro pianeta: questa frazione viene indicata con *Fc*. In particolare, quando Drake formulò alla sua equazione, con il fattore *Fc* si riferiva alle onde radio, mentre oggigiorno ci riferiamo alle cosiddette *tecnofirme*, ovvero a tutti quei fenomeni che possono essere rilevati da grandi distanze, come una variazione della composizione chimica dell'atmosfera, causata dall'attività industriale, o come la creazione di impianti di illuminazione sufficientemente efficienti da essere visibili da luoghi remoti.

Tutti i fattori e le probabilità che abbiamo analizzato fino ad ora, a parte quelli astrofisici, sono però a noi sconosciuti. Possiamo solamente effettuare delle stime. Proviamo ad essere estremamente ottimisti e immaginiamo che su ogni pianeta potenzialmente abitabile (risultato dei primi tre fattori pari a 40 miliardi) fosse apparsa effettivamente la vita (*Fl=1*). Inoltre, immaginiamo che uno su mille tra questi pianeti abbia prodotto una forma di vita intelligente (*Fi=0,001*) e che metà di questi siano arrivati a produrre delle tecnofirme osservabili (*Fc=0,5*). Mettendo insieme tutti i valori, otterremmo che, nella nostra galassia, sarebbero apparse forme di vita intelligenti dotate di tecnofirme osservabili su circa 20 milioni di pianeti, un numero che ci appare estremamente grande.

Tuttavia, dobbiamo tenere in considerazione l'ultimo fattore dell'equazione di Drake, che indica il tempo.

Per capire il ruolo essenziale giocato dal tempo, consideriamo un esempio. Immaginiamo di accendere adesso la TV e di calcolare la probabilità che in questo esatto momento stia andando in onda un episodio della nostra serie TV preferita, della durata di 20 minuti. Non conosciamo l'ora in cui viene trasmesso l'episodio, ma solamente che viene trasmesso una volta al giorno. Questa probabilità è data dalla durata complessiva dell'episodio (20 minuti) diviso l'arco di tempo in cui potrebbe essere trasmesso (24 ore, ovvero 1440 minuti). Abbiamo dunque una probabilità su 72 di trovare la nostra serie in onda accendendo la TV in un momento qualsiasi della giornata. Analogamente, all'equazione di Drake dovremmo moltiplicare tutto per il fattore L, la durata media in cui queste tecnofirme rimangono visibili, e dividere per il tempo totale in cui potrebbero essere comparse, ovvero l'età della nostra galassia, indicata con T.

In particolare, queste tecnofirme potrebbero essere comparse in un qualsiasi momento negli ultimi miliardi di anni, ma non sappiamo dire per quanto tempo siano restate visibili da distanze remote. In generale, ci aspettiamo che la durata di una tecnofirma sia molto inferiore rispetto all'età della galassia: infatti, considerando il nostro caso, l'uomo è visibile solamente da circa un secolo, ovvero da quando ha padroneggiato le onde radio. Supponiamo, ad esempio, che una civiltà tecnologica resti visibile per 1000 anni, un arco di tempo abbastanza grande. In tal caso, l'ultimo rapporto dell'equazione di Drake sarebbe comunque un numero molto piccolo, ovvero un decimilionesimo. Ciò significa che dobbiamo avere almeno dieci milioni di pianeti in cui è apparsa con certezza una civiltà tecnologica per sperare che ce ne sia almeno una visibile in questo esatto istante.

Lo stesso Drake, nel momento in cui ha formulato tale equazione, era a conoscenza dell'importanza del tempo e oggi, a causa di questo fattore, possiamo spiegarci il perché le probabilità di osservare le tecnofirme siano così basse. Per incrementare queste probabilità si possono ricorrere a due diversi metodi, entrambi basati sulla speranza: o si spera che le tecnofirme presenti nell'Universo durino molto più a lungo, come milioni o miliardi di anni (anche dopo l'estinzione della civiltà che le ha create), o si spera che le civiltà intelligenti siano nate in un'epoca molto vicina alla nostra, attraverso un meccanismo di sincronia a noi ignoto.

Qualora, secondo l'equazione di Drake, esistessero invece centinaia di pianeti su cui attualmente siano presenti delle tecnofirme (un numero estremamente ottimistico), sorgerebbe un altro problema, radicato nelle dimensioni del Cosmo: la distanza media tra le civiltà tecnologiche nella galassia sarebbe, infatti, di circa mille anni luce. Ciò significa che per scambiare un segnale radio ci vorrebbe circa un millennio e, di conseguenza, sarebbe impossibile la comunicazione, che richiederebbe oltretutto delle antenne estremamente potenti.

Per quanto basse possano essere le probabilità di riuscita, bisogna comunque continuare a cercare. Un eventuale successo avrebbe delle conseguenze inimmaginabili per la storia dell'umanità. Ma su cosa si basa la ricerca di pianeti potenzialmente abitabili? Quali sono più adatti per ospitare vita e quali sono gli ingredienti indispensabili?

I fattori necessari per far prosperare la vita sono numerosi ma, nel corso degli anni, gli scienziati hanno ristretto il campo a soli tre elementi di cui la vita che conosciamo ha assoluto bisogno: una sorgente di energia, come la luce di una stella, alcuni elementi chimici presenti sulla Terra (ossigeno, carbonio, idrogeno, azoto, fosforo e zolfo), i quali sono stati osservati in numerose quantità nell'Universo, e l'acqua liquida, che è il requisito più stringente tra i tre.

Già negli anni 50, gli astronomi hanno iniziato a discutere sulla cosiddetta *zona abitabile*, ovvero una corona circolare che ha come centro una stella e che contiene l'orbita di un pianeta né troppo caldo né troppo freddo, in cui l'acqua non congela e non evapora. La sua posizione dipende ovviamente dal tipo di stella, in quanto se essa fosse calda e brillante, la sua zona abitabile sarebbe più ampia e lontana dal centro della corona rispetto a quella di una stella più debole e fredda.

Nel momento in cui in televisione si sentono notizie riguardanti la scoperta di un pianeta potenzialmente abitabile, ci si riferisce alla scoperta di un pianeta che è situato nella zona abitabile di una stella, ma è sufficiente per affermare che tale pianeta possa ospitare della vita?

A questa domanda non sappiamo ancora dare una risposta, in quanto viene chiamato in causa un enorme quantitativo di variabili. Consideriamo ad esempio il nostro Sistema Solare. Stando alle stime più ottimistiche, sono presenti ben tre pianeti nella zona abitabile del nostro Sole, ovvero Venere, Terra e Marte, ma di cui solamente il nostro pianeta presenta laghi e oceani di acqua liquida. Venere, ad esempio, è molto caldo per via della sua composizione atmosferica, ricca di gas serra; Marte, al contrario, è molto freddo a causa della sua atmosfera estremamente sottile, la quale non riesce ad intrappolare il calore emesso dal nostro Sole. Nonostante i suoi difetti, la zona abitabile è un buon punto di partenza per la ricerca di vita all'esterno della Terra, in quanto restringe di molto i parametri di ricerca, impedendoci di studiare il Cosmo alla cieca. Negli ultimi anni, tuttavia, è stata confermata l'esistenza di altre possibilità: una delle più concrete si riferisce a pianeti che, pur non essendo situati in una zona abitabile attorno ad una stella, possono presentare enormi riserve di acqua liquida sulla loro superficie.

A riguardo, una delle scoperte più clamorose da parte delle sonde Voyager fu che Io, uno dei satelliti di Giove, presenta dei vulcani attivi sulla sua superficie. In particolare, sappiamo che l'attività vulcanica è possibile solamente in presenza di una sorgente interna di calore: ciò significa che esiste dell'energia che tiene caldo il nucleo di Io, il quale, tuttavia, è un corpo piuttosto piccolo e lontano dal Sole, che non dovrebbe avere del calore residuo. Questo effetto è dovuto all'interazione con Giove, il quale, grazie alla sua enorme gravità, deforma il satellite riscaldandolo per attrito e producendo un effetto chiamato *riscaldamento mareale*, il cui nome deriva dall'analogo meccanismo che causa le maree sulla Terra. Io è il satellite più vicino a Giove e dunque questo effetto è molto marcato; tuttavia si possono osservare situazioni analoghe anche per le altre sue lune, come Europa, che presenta sulla sua superficie enormi distese ghiacciate, ricche però di molte striature e fessure,

come se il ghiaccio venisse continuamente rotto e deformato. La sonda Galileo scoprì che proprio al di sotto di questi oceani ghiacciati si trovano altrettanti oceani di acqua liquida salata, dovuti alla particolare interazione tra il suo campo magnetico e quello di Giove, oceani che potrebbero raggiungere anche cento chilometri di profondità.
Nel 2005, la sonda Cassini notò che dalla superficie della luna ghiacciata Encelado, un satellite di Saturno, fuoriuscivano geyser di vapore acqueo e, attraversandoli, scoprì che al loro interno era presente idrogeno molecolare, una possibile evidenza che sui fondali di Encelado potrebbe esistere dell'attività idrotermale, ovvero potrebbero esserci dei vulcani sottomarini. È importante notare come, anche a chilometri di profondità e senza alcun contatto con la luce solare, sulla Terra è possibile trovare dei microorganismi viventi che spesso si nutrono degli stessi prodotti chimici che fuoriescono da vulcani sottomarini, e che possono essere cibo per altri organismi più complessi. Un esempio è quello del Lago Vostok, situato in Antartide sotto circa 4 chilometri di ghiaccio, completamente isolato dalla superficie per milioni di anni: anche in condizioni così estreme sono state trovate tracce di organismi viventi. È possibile dunque che processi simili a quelli idrotermali

terrestri stiano avvenendo proprio sui fondali oceanici dei satelliti di Giove e di Saturno: una conferma giungerà solamente nei prossimi anni, quando nuove sonde e nuove esplorazioni spaziali raggiungeranno le orbite di Giove per studiare al meglio le caratteristiche dei fondali dei suoi satelliti.

La stessa sonda Cassini sganciò, nel 2005, il piccolo lander *Huygens* sulla superficie di Titano, la luna principale di Saturno, lander che fu in grado di trasmetterci dei dati sorprendenti.

Titano è la seconda luna più grande del Sistema Solare, dopo Ganimede (satellite di Giove). Le sue dimensioni superano quelle di Mercurio ed è l'unico satellite ad avere un'atmosfera vera e propria, quattro volte più densa di quella terrestre e composta prevalentemente da azoto, esattamente come la nostra, ma priva di ossigeno. Sulla sua superficie, la pressione è molto simile a quella della Terra e le temperature si aggirano intorno ai -180 gradi centigradi. Di conseguenza, per camminare sulla sua superficie sarebbe necessaria solamente una tuta che ci protegga dal freddo e un respiratore con cui potremmo inalare dell'aria pulita. Un altro elemento che rende Titano molto simile al nostro pianeta è la presenza di laghi e fiumi sulla sua superficie.

Ovviamente, non sono laghi e fiumi di acqua liquida, in quanto a temperature così basse non è possibile la sua presenza, ma sono distese di idrocarburi come l'etano e il metano, che sulla Terra troviamo normalmente in forma gassosa, ma che alle bassissime temperature di Titano si trovano allo stato liquido.
Titano è dunque una versione più bizzarra della nostra Terra: sono presenti mari, fiumi, montagne, venti e persino fenomeni atmosferici. Sul nostro pianeta, infatti, sappiamo che esiste un ciclo dell'acqua: l'evaporazione di laghi porta alla nascita di nubi, che generano a sua volta precipitazioni. Analogamente accade su Titano, ma con gli idrocarburi. La sonda Cassini catturò tante immagini di questo satellite e, in una tra queste, si può notare il riflesso del Sole sul più grande mare di Titano, uno specchio liquido più grande del Mar Caspio, il *mare Kraken*, dal nome di un leggendario mostro marino. Oltre a tutto questo, su Titano è anche presente una grande quantità di composti di carbonio che effettuano reazioni chimiche simili a quelle che avvenivano sulla Terra durante la formazione della vita primordiale, reazioni che potrebbero portare persino alla creazione di amminoacidi, mattoni fondamentali per i sistemi viventi. Questo luogo si tratta dunque di un grande laboratorio

naturale, grazie a cui stiamo studiando la chimica che potrebbe portare alla formazione della vita, vita che non sappiamo ancora se sia presente su Titano e, in caso affermativo, dovrebbe trattarsi di una tipologia totalmente diversa da come la conosciamo, la quale necessita di acqua liquida, assente su questo affascinante luogo.

La possibilità che la vita possa evolversi con l'utilizzo di un mezzo liquido diverso dall'acqua, anche se ritenuta improbabile, non può essere esclusa completamente. Negli ultimi anni, molti studi hanno provato ad ipotizzare la formazione di vita in quelle condizioni: sono state proposte membrane cellulari in grado di formarsi negli idrocarburi a basse temperature, sono state avanzate ipotesi di organismi in grado di respirare idrogeno invece che ossigeno, che usino l'acetilene al posto del glucosio e che producano metano invece che anidride carbonica. Tali organismi avrebbero una biochimica e un metabolismo totalmente diverso da quello che possiamo trovare sul nostro pianeta e, nel 2005, l'astrobiologo McKay aveva previsto che eventuali organismi viventi su Titano avrebbero potuto causare una riduzione di idrogeno e di acetilene nella sua atmosfera. Tale fenomeno è effettivamente stato misurato qualche anno più tardi: è però prematuro affermare che la causa di questa variazione sia effettivamente di tipo biologico, e non di tipo chimico.

In ogni caso, nel giugno 2027 il veicolo spaziale Dragonfly verrà inviato sulla superficie di Titano, impiegherà sette anni per giungere a destinazione e, nel 2034, studieremo con maggiore precisione la chimica sulla superficie di questo luogo. In particolare, per raggiungere Titano, Dragonfly sfrutterà ben quattro fionde gravitazionali e, una volta terminato il viaggio, scenderà lentamente nella densa atmosfera di questo satellite, atterrando sulla sua superficie e muovendosi in direzione del cratere Selk, in quanto le misure a infrarossi della sonda Cassini mostrano una notevole luminosità del terreno locale, causata dalla presenza di un criovulcano. Questa regione di Titano presenta una miscela di composti organici e acqua ghiacciata, elementi importanti per valutare la possibilità di vita extraterrestre in ambienti diversi da quelli della Terra, a cui siamo da sempre abituati.

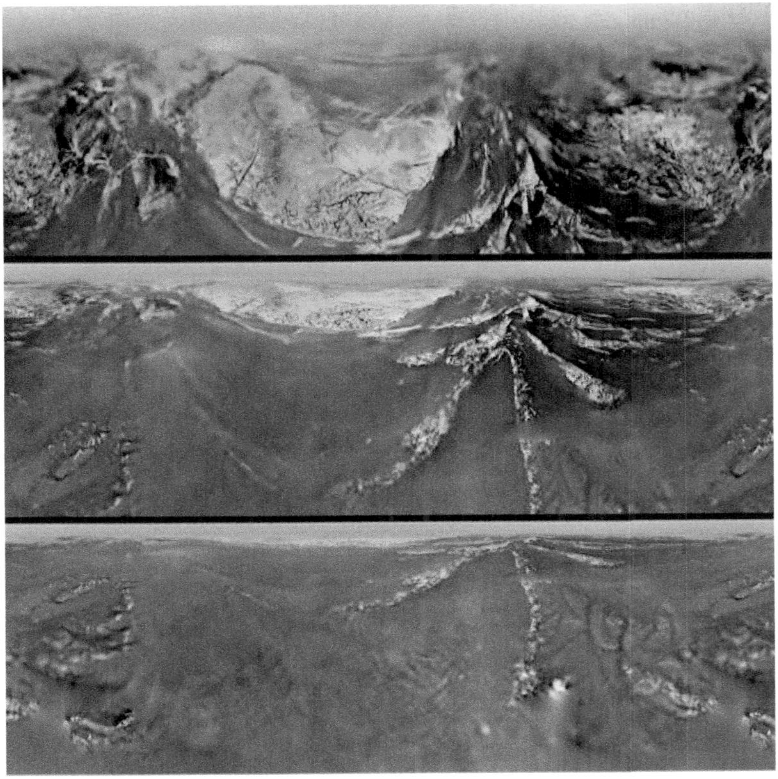

Fotogrammi del video ripreso da Huygens durante la sua discesa su Titano.

Fonte e crediti: Nasa / ESA

5.2 - L'umanità fuori dalla Terra

Prima o poi tutto finisce, bisogna accettare questa realtà. Nel momento in cui nasce qualsiasi ente all'interno del nostro Universo, si plasma anche il suo destino, che termina con la sua fine. In particolare, il destino della Terra è legato sia ad eventi improbabili, come la collisione con enormi asteroidi, sia alle mani degli individui che la abitano, in particolare a quelle dell'uomo, che sta giocando un ruolo importante nel cambiamento climatico terrestre. Tuttavia, il destino del nostro pianeta è strettamente legato a quello del Sole, che è giunto circa a metà della propria vita. La nostra stella vivrà ancora per cinque miliardi di anni, fino a quando diventerà una gigante rossa, stadio in cui le sue dimensioni saranno talmente grandi da inglobare i pianeti interni al Sistema Solare, Terra compresa.

Tuttavia, prima che accada ciò, la Terra sarà diventata inabitabile da molto tempo: come già citato nei capitoli precedenti, il Sole diventa sempre più luminoso man mano che l'idrogeno viene bruciato all'interno del suo nucleo. Per contrastare il collasso gravitazionale, infatti, la nostra stella deve bruciare molto più intensamente, diventando dunque sempre più calda e aumentando di circa 1% la sua luminosità ogni cento milioni di anni. Questo ritmo è molto lento se confrontato con la scala di vita umana: infatti mi sta a cuore sottolineare che il surriscaldamento globale è causato solo ed esclusivamente all'attività dell'uomo, il quale fa un uso incessante dei combustibili fossili, causando un effetto serra dovuto all'eccessiva produzione di anidride carbonica. In ogni caso, tra un miliardo di anni il Sole brillerà il 10% più intensamente di ora, portando la temperatura media terrestre a circa 50 gradi centigradi. Questo clima torrido causerà la parziale evaporazione di grandi fonti d'acqua come quelle oceaniche, producendo così grandi quantitativi di vapore acqueo, un gas serra che contribuirà a sua volta all'aumento della temperatura superficiale e al surriscaldamento del pianeta. La Terra avrà dunque un aspetto arido e deserto, e si trasformerà in un luogo estremamente ostile per la vita. Tra circa tre miliardi di anni, sempre in virtù di questi eventi, il nostro pianeta raggiungerà una temperatura di 150 gradi centigradi, ritenuta inadatta anche alla vita batterica più tenace e resistente, mentre tra circa quattro miliardi di anni non avrà più nemmeno una crosta solida, apparendo come una sfera incandescente di roccia fusa.

L'uomo, ammesso che non si sia autodistrutto in precedenza, dovrà dunque trovare un nuovo pianeta abitabile in grado di ospitarlo. Questo problema ovviamente non riguarda noi, ma l'umanità tra milioni di anni. Tuttavia, voci autorevoli come quella dello stesso Stephen Hawking hanno affermato che la civiltà umana inizierà a muovere i primi passi all'esterno del nostro pianeta già nel corso di questo secolo. Altre voci provenienti invece da vari settori, come quella di Elon Musk, un miliardario imprenditore che ha fondato SpaceX, hanno fatto leva più volte sul concetto di colonizzazione spaziale, ovvero sull'intenzione di voler fondare delle vere e proprie città al di fuori della Terra già nell'immediato futuro. Ciò è, ovviamente, estremamente improbabile: infatti, se analizzassimo quali sono i pianeti più facilmente raggiungibili dalla Terra, possiamo notare che sono essenzialmente due le scelte su cui compiere i nostri primi passi, ovvero Venere e Marte.

Il primo è un luogo letteralmente infernale, con temperature medie di 500 gradi centigradi e una pressione di 90 atmosfere, ovvero la stessa pressione a cui si sarebbe esposti qualora si viaggiasse a mille metri sotto la superficie oceanica terrestre. Su Venere, infatti, nemmeno le nostre migliori sonde robotiche hanno resistito per più di due ore: è dunque assurdo pensare che l'uomo possa camminare liberamente sulla sua superficie. Dall'altro lato della medaglia abbiamo Marte, un luogo che risponde alle fantasie di molti, come quella dello stesso Elon Musk. In effetti, all'apparenza Marte è un luogo molto esotico, come

il Grand Canyon, una grande fenditura nel terreno dell'Arizona che ammalia gli animi di molti turisti.
La realtà non è affatto così, già nel raggiungimento di questo pianeta si incontrerebbero numerose difficoltà. Il tempo di viaggio, infatti, è dettato dalla dinamica orbitale dei pianeti. Bisogna prima di tutto trovare delle finestre di lancio, scelte per minimizzare i costi del carburante: solo a quel punto sarebbe possibile il decollo, raggiungendo Marte in circa sei mesi. Una volta giunti a destinazione, per tornare indietro bisognerebbe aspettare una nuova finestra di lancio, che arriverebbe dopo quasi due anni, seguita poi da altri 6 mesi di viaggio per il ritorno. Dunque, una missione complessiva per Marte durerebbe quasi tre anni e il viaggio sarebbe molto pericoloso, in quanto è prevista la permanenza complessiva di un anno nello spazio aperto. Già con la missione Apollo 13, destinata a raggiungere la Luna in soli tre giorni, c'è stato un guasto che rese impossibile la sua buona riuscita, costringendo gli astronauti a invertire la rotta e tornare verso casa. Sulla Luna si giunge in poco tempo, mentre su Marte in sei mesi: se all'improvviso durante il viaggio dovesse verificarsi un qualsiasi tipo di guasto sarebbe impensabile annullare la missione e rientrare sul nostro pianeta, senza contare che la riserva di carburante

destinata ad eventuali correzioni di rotta sarebbe veramente minima. I razzi, infatti, vengono sparati nello spazio grazie all'uso di una grandissima quantità di combustibile e, una volta giunti nel vuoto, proseguono per inerzia, a motori spenti. Oltre a tutto ciò, l'assenza di gravità provocherebbe numerosi problemi fisici e le radiazioni solari investirebbero totalmente l'astronave qualora non fosse dotata di un apposito sistema in grado di schermarle, sistema di cui sarebbe anche complicata la realizzazione, in quanto prevederebbe l'aumento del peso dell'astronave con il conseguente aumento del combustibile necessario per il completamento della missione.

Anche supponendo che il viaggio si completi nel migliore dei modi, una volta giunti a destinazione ci troveremmo in un luogo in cui l'unico fattore in comune con la Terra è la durata di un singolo giorno. Se analizzassimo tutti gli altri parametri fisici, scopriremmo che Marte è un pianeta decisamente inospitale: la sua temperatura media è di -60 gradi centigradi, estremamente bassa, mentre quella minima raggiunge anche i 150 gradi sotto lo zero, rendendo Marte un posto glaciale. Inoltre, a causa della sua atmosfera molto sottile, la temperatura dell'aria a contatto con la sua superficie e quella dell'aria ad un solo metro di quota differiscono già per valori molto elevati; la bassa gravità superficiale (circa un terzo di quella terrestre) non permetterebbe all'uomo di vivere in una maniera totalmente sana, causando problemi al sistema cardiocircolatorio, alle ossa e alla crescita di feti all'interno di uteri femminili, problema con cui l'uomo dovrà fare i conti se vorrà davvero colonizzare Marte e fondare delle città, seguendo l'idea lanciata da Musk. La composizione atmosferica è tossica, formata al 96% da anidride carbonica, irrespirabile per gli esseri umani; la pressione atmosferica è bassissima, circa 1% di quella terrestre, ovvero quella che sul nostro pianeta troveremmo ad un'altezza di trenta mila metri sul livello del mare, su un'ipotetica montagna alta più di tre volte l'Everest. Già per scalare questo monte, l'uomo deve necessariamente avvalersi di ossigeno e di numerosi aiuti, se immaginassimo di vivere a più di tre volte quella quota, potremmo farci un'idea di quanto sia rarefatta l'atmosfera marziana. Se già tutto questo non bastasse, su Marte non saremmo nemmeno protetti dai raggi ultravioletti del Sole e dalle particelle cariche del vento solare, che sulla Terra vengono schermate dal campo magnetico. La stima delle radiazioni subite in cinque giorni sarebbe comparabile con quella subita in un anno sulla Terra. Una dose che, se sommata su una permanenza lunga, porterebbe ad effetti altamente nocivi per la pelle, per gli organi interni e per i tessuti del nostro corpo.

Vivere su Marte non è dunque una favola come spesso viene raccontata; non è impossibile, è solo estremamente complicato. Mettere piede su questo pianeta sarà una missione destinata solamente ad astronauti addestrati, che magari sarà completata tra qualche decennio, ma che ovviamente non prevederà la fondazione di intere città entro il 2060. Vivere su Marte, come sogna Musk, significherebbe mettere in gioco la propria vita e rischiare di morire in ogni istante, il che segue una logica alquanto strana: perché dovremmo abbandonare la Terra per dover vivere in un luogo così inospitale? Oltre a questa assurda ipotesi, Musk ha aggiunto su Twitter un post che ha causato un'esplosione di like, ovvero *Nuke Mars*. L'idea proposta sarebbe quella di bombardare Marte con delle armi atomiche, causando l'immissione di anidride carbonica nell'atmosfera marziana, che provocherebbe un innalzamento della pressione atmosferica, rendendo il pianeta più caldo e abitabile. Il concetto è esattamente quello che sta causando il riscaldamento globale terrestre, ma con l'aspetto positivo di creare un luogo in cui è possibile prosperare attraverso il trasporto di acqua e di batteri, immettendo ossigeno attraverso la fotosintesi. L'idea del bombardamento delle calotte polari marziane, oltre che folle sarebbe anche inutile: anche se si riuscisse a liberare tutta l'anidride carbonica che è a disposizione nel pianeta, questa non sarebbe sufficiente a riscaldare Marte al punto di poter permettere lo sviluppo della vita.

Oltre a Venere e a Marte, un ipotetico viaggio nello spazio interstellare avrebbe come meta il raggiungimento di stazioni spaziali orbitali, in cui sarebbe presente una gravità artificiale e un'atmosfera respirabile, adatta alla nostra sopravvivenza. Stiamo parlando comunque di strutture molto complicate da realizzare, che richiederebbero costi estremamente elevati e tempistiche di realizzazione piuttosto lunghe. Jeff Bezos sta spingendo molto su quest'idea, la quale però, come le idee di Musk, resterebbe per il momento infattibile.

Trascurando questo scambio di idee tra miliardari, nel Sistema Solare le possibilità di trovare luoghi abitabili sono minime; mentre al di fuori di esso sono presenti più di 5000 pianeti a noi noti, in orbita intorno ad altre stelle, di cui circa il 4% sono con dimensioni simili a quelle terrestri e sono situati in una zona abitabile.

Immagine di Marte. Il suo colore rosso deriva dall'abbondanza di ossidi di ferro sulla sua superficie.

Crediti: Nasa / ESA

Immagine di Venere. Questo pianeta, oltre ad essere il più caldo del nostro Sistema Solare, è anche il più luminoso.

Ciò è dovuto alla presenza di nubi composte da zolfo e acido solforico che ricoprono la sua superficie, causando una grande riflessione della luce solare.

Fonte e crediti: Nasa / ESA

Questo campo di ricerca è molto attivo, non per il trasferimento della civiltà umana a breve termine, ma per capire quali sono effettivamente le condizioni che rendano abitabile un pianeta. Gli esopianeti che sono stati trovati, infatti, sono situati a decine di anni luce di distanza da noi. Ciò significa che la luce impiegherebbe decine di anni per percorrere le distanze che ci separano da quei luoghi mentre noi, essendo dotati di massa, non siamo in grado di avvicinarci nemmeno lontanamente a tali velocità: un ipotetico viaggio costringerebbe migliaia di generazioni a vivere in una capsula spaziale, in movimento perenne nel gelido Universo. Soluzioni alternative per accorciare le tempistiche di viaggio riguardano puramente l'ambito fantascientifico, come l'utilizzo di motori a curvatura, con cui sarebbe possibile viaggiare a velocità superluminale attraverso una distorsione spaziotemporale creatasi attorno all'astronave, che permette di accorciare la strada da percorrere. Tali motori, sebbene non violino le leggi della fisica, rappresentano un'utopia per l'ingegneria attuale. Un altro metodo per raggiungere più velocemente un punto lontano nello spaziotempo consiste nell'attraversamento di un *wormhole*, come accade nel celebre film Interstellar, diretto da Christopher Nolan. Il termine wormhole si può tradurre dall'inglese come *buco di verme*, fornendoci un'importante analogia per capire cosa siano questi misteriosi oggetti previsti dalla teoria della relatività. Immaginiamo di essere un piccolo insetto fermo su una mela. Se volessimo raggiungere la parte opposta del frutto dovremmo camminare molto lungo la sua superficie, ma se un verme avesse scavato un buco all'interno della mela, potremmo utilizzarlo come tunnel per giungere a destinazione in un tempo molto più breve. La superficie della mela, bidimensionale, può essere vista come il nostro Universo, il quale però ha tre dimensioni spaziali. Il buco scavato dal verme crea un passaggio utilizzando la terza dimensione spaziale, normalmente inaccessibile all'insetto, il quale può solamente camminare sulla superficie del frutto. Analogamente, noi viviamo in uno spazio tridimensionale e un ipotetico wormhole crea un tunnel che ci porta in un altro punto dell'Universo utilizzando la quarta dimensione spaziale, a noi inaccessibile. L'idea di queste scorciatoie spaziotemporali venne proposta per la prima volta dal fisico viennese Ludwig Flamm nel 1916. Successivamente Einstein, senza conoscere il lavoro di Flamm, nel 1935 trovò insieme al fisico Nathan Rosen un risultato simile. I tunnel spaziotemporali vennero successivamente studiati da numerosi fisici utilizzando la relatività generale, tra cui Kip Thorne, ispirando anche romanzi e film fantascientifici. Visto dall'esterno, un wormhole apparirebbe come una sfera e, guardando al suo interno, vedremmo ciò che è situato dal lato opposto in modo totalmente distorto, come se lo stessimo guardando in una sfera di vetro. Secondo lo stesso Kip Thorne, non ci sono molte speranze che questi tunnel esistano naturalmente, in quanto richiedono condizioni di esistenza molto complicate e, inoltre, non abbiamo prove o evidenze che civiltà intelligentemente avanzate siano in grado di crearli artificialmente, come accade in Interstellar.

L'unico posto che resta in grado di ospitarci è dunque quello da cui siamo partiti: la Terra. Un luogo meraviglioso, che stiamo sfruttando con troppo egoismo quando dovremmo prendercene cura, salvaguardando il suo ambiente e rispettando tutte le specie di animali e di piante che vivono sulla sua superficie. Voler bene alla Terra significa, infatti, voler bene anche a noi stessi.

5.3 - Universi paralleli

Quante volte studiando un'equazione matematica ci siamo stupiti della sua eleganza e della sua armoniosa combinazione di simboli e numeri?

All'interno di queste scritture compaiono spesso numerose costanti fisiche, ovvero valori adimensionali che sono universali nella loro natura, indipendenti sia dall'istante sia dal luogo in cui ne viene effettuata la misura. Ma perché hanno esattamente il valore che hanno? Perché, ad esempio, la luce viaggia proprio alla velocità indicata con *c*, e non ad una velocità superiore o inferiore? Perché la gravità agisce con quell'esatta intensità, seguendo l'andamento dettato dalla costante di gravitazione universale?

Se l'attrazione tra le masse fosse maggiore di quella che riusciamo a misurare, allora le stelle sarebbero compresse in un volume più ridotto, con una temperatura più elevata che stimolerebbe maggiormente le reazioni termonucleari e, di conseguenza, brucerebbero molto più velocemente, non fornendo tempo a sufficienza per la comparsa della vita. Se, al contrario, la costante di gravitazione universale fosse minore di quella che misuriamo, ci troveremmo di fronte ad una pressione insufficiente per la formazione stellare.

Analogo è il discorso sull'elettromagnetismo: se le cariche elettriche si attraessero con una forza maggiore di quella che effettivamente è, gli elettroni sarebbero legati al proprio nucleo, renderebbero impossibile l'unione tra atomi e, di conseguenza, la formazione di legami chimici. Se la stessa interazione avesse un'intensità minore di quella osservata, gli elettroni non si legherebbero nemmeno ai propri nuclei e resterebbero liberi di viaggiare nello spazio. Lo stesso vale per la forza forte: se la sua intensità fosse maggiore di quella rilevata, non esisterebbero i nuclei leggeri, mentre se fosse minore esisterebbe solo l'idrogeno, in quanto il suo nucleo è formato solamente da un singolo protone.
Dunque, sembrerebbe che tutte le costanti della fisica abbiano assunto un determinato valore per favorire la nascita dell'umanità, attraverso giuste tempistiche e giuste attrazioni. Quest'idea è filosoficamente indicata con *principio antropico* e se provassimo razionalmente a dare una spiegazione a questo fatto, ricadremmo in tre diverse casistiche. La prima, quella più banale, lascia tutto affidato al caso: i valori delle costanti fisiche sarebbero casualmente quelle giuste affinché si sia potuta sviluppare la vita. La seconda, su cui l'uomo riflette sin dall'alba dei suoi primi giorni, lascia tutto nelle mani di Dio, ma equivarrebbe a

sostituire un mistero con un altro ancora più grande. La terza, quella che alimenta gli animi di tutti gli amanti della fantascienza, introduce l'ipotesi dell'esistenza di infiniti Universi, ognuno dei quali è governato da costanti della fisica differenti. Nel nostro, in particolare, il valore di tali costanti è esattamente quello che permette lo sviluppo e la crescita della vita. Se così fosse, secondo questa teoria, la maggioranza degli Universi sarebbe dunque sterile.

Nel corso del tempo, l'idea del multiverso venne sempre più tenuta in considerazione, diventando un concetto che entrò a far parte anche dell'ambito della fisica teorica, oltre che ad essere protagonista di numerosi film fantascientifici. In particolare, se analizzassimo i rami della fisica che ammettono l'esistenza di più mondi, il nostro sguardo cadrebbe senza dubbio sugli anni '70 dello scorso secolo, quando numerose ricerche negli acceleratori di particelle portarono alla scoperta di nuovissimi costituenti della materia, in grande numero e caratterizzati da una vita molto breve. Non si riusciva a spiegare l'esistenza di questa grandissima varietà di nuove particelle, in quanto attraverso l'utilizzo di neutroni, protoni ed elettroni si riusciva già a descrivere in maniera perfetta tutto ciò che riguardava la materia ordinaria. Inoltre, ogni nuova particella veniva considerata come puntiforme, ovvero con un volume nullo e, di conseguenza, con una densità infinita. Questi due problemi riempivano di dubbi la mente dei fisici di quell'epoca e, nel 1968, Gabriele Veneziano, un noto fisico italiano che si trovava in Israele per eseguire ricerche riguardanti il suo dottorato, ebbe una brillante idea. Egli iniziò a pensare che, al posto di avere tra le mani degli oggetti puntiformi, gli scienziati si trovavano alle prese con delle corde che, vibrando ognuna in modo diverso, riuscivano a spiegare e a descrivere il significato di tutte le nuove particelle scoperte. Da questa ipotesi nacque la *teoria delle stringhe*, una teoria affascinante che portò un numero impressionante di fisici a dedicare totalmente la loro esistenza per comprenderne il significato, dando vita a numerose divergenze che, a primo impatto, sembravano incolmabili. Tuttavia, Leonard Susskind riuscì ad uniformare tutte le diverse teorie neonate attraverso la supposizione che le dimensioni spaziali in cui viviamo non sono tre, ma ben dieci e che, sommate a quella temporale, darebbero vita a 11 dimensioni totali. Sono consapevole che tutto ciò potrebbe creare confusione nella mente di chiunque, eppure la realtà potrebbe davvero essere costituita da più di tre dimensioni spaziali. Ma com'è possibile tutto ciò? Dove sono queste ipotetiche dimensioni, se non riusciamo a percepirle? Vediamo di chiarire questo concetto utilizzando un esempio.

Supponiamo di osservare un cavo dell'alta tensione. Da lontano ci sembrerà avere una sola dimensione, ovvero la lunghezza; tuttavia, nel momento in cui ci avviciniamo, possiamo notare che ha anche uno spessore e, avvicinandoci ulteriormente, riusciamo anche ad osservare che questo cavo è composto a sua volta da corde più piccole intrecciate tra loro, al fine di aumentarne la robustezza complessiva. Le dimensioni extra svolgono un ruolo del tutto analogo, si attorcigliano alle dimensioni che riusciamo a percepire quotidianamente, vivendo in zone estremamente piccole di spazio, a noi impercettibili, in porzioni grandi quanto la lunghezza di Plank. Noi esseri umani siamo dotati di una massa distribuita in un volume di spazio molto più grande e, di conseguenza, nel momento in cui ci muoviamo riusciamo ad attraversare queste dimensioni extra senza accorgerci. Tuttavia, se fossimo organismi molto piccoli, dell'ordine di 0,[...]1 centimetri (32 zeri), riusciremmo ad apprezzare questo fatto e a percepire anche tali dimensioni, esattamente come un piccione appollaiato sul cavo dell'alta tensione riuscirebbe a percepirne lo spessore.

Ogni dimensione si aggroviglia dunque intorno alle altre e, siccome abbiamo in tutto dieci dimensioni spaziali, ci sono diversi modi per attorcigliarle. Se ogni singolo modo crea una stringa diversa, allora significa che esiste una quantità enorme di possibilità di avere stringhe differenti, il che vuol dire avere particelle diverse, cioè forze ed interazioni diverse. Da qui l'idea che luoghi lontani siano governati da leggi fisiche totalmente diverse da quelle a cui siamo abituati.

La teoria delle stringhe è molto complessa, molto ricca di simboli che non la rendono di semplice interpretazione, ma non è la sola da cui si può derivare il concetto di multiverso; anche dalla meccanica quantistica, ad esempio. Questa teoria ha una natura probabilistica: infatti ci sono diversi esperimenti di cui non possiamo conoscere a priori l'esito esatto, ma solo la probabilità di ottenere determinati risultati ad essi associati. Un esempio determinante è l'esperimento di Young, in cui un fascio di luce viene fatto passare attraverso due fenditure: i fotoni che lo compongono colpiranno uno schermo situato dalla parte opposta della fenditura in uno specifico punto, di cui però non conosciamo la posizione a priori. Per chiarire meglio questo concetto, supponiamo di eseguire un esperimento avente dieci possibili soluzioni, ognuna delle quali abbia il 10% di probabilità di costituire il risultato del nostro esperimento. Supponiamo di aver ottenuto, ad esempio, la quarta soluzione possibile. A questo punto ci si potrebbe domandare come mai, se tutti i risultati sono plausibili, è uscita proprio la quarta soluzione proposta, mentre tutte le altre sono state scartate. Una possibile interpretazione sta nel fatto che, in realtà, i risultati sono usciti tutti e dieci, ma che noi ci troviamo nell'Universo in cui è uscito proprio il quarto. Ergo, nel momento in cui abbiamo fatto questo esperimento, ci sono stati dieci Universi paralleli, contenenti dieci copie diverse di noi, che hanno ottenuto un esito diverso.

Il concetto di infiniti Universi paralleli è sempre stato affascinante, ma la verità è che non abbiamo nessuna ragione forte per accettare quest'idea. Non c'è alcun metodo sperimentale con cui possiamo verificare l'esistenza del multiverso, in quanto riusciamo a osservare solo la porzione di Universo all'interno dell'orizzonte cosmico; tutto quello che è situato al di fuori non riusciamo a vederlo e non possiamo in alcun modo sottoporlo ad indagini. Inoltre, gli scenari teorici che prevedono l'esistenza del multiverso, come la teoria delle stringhe, per quanto attraenti possano essere sono per lo più speculativi: non hanno fondamenta solide, non sono stati verificati empiricamente e, di conseguenza, non possiamo fidarci con lo stesso livello di cui ci fidiamo di altre teorie fisiche. Dunque, l'idea di infiniti mondi, alcuni dei quali sono abitati da copie di noi stessi, per quanto possa essere misteriosa e per quanto incuriosisca tutti gli spiriti umani, va per ora lasciata solamente all'ambito cinematografico.

Prima di concludere il capitolo, bisogna assolutamente citare l'anno 1992, in cui il fisico Lee Smolin ha proposto un'altra interessante ipotesi sui multiversi, riportata nel suo libro divulgativo *La Vita del Cosmo*. Essa si basa su due presupposti. Il primo riguarda i buchi neri che, secondo Smolin, creerebbero altri Universi differenti dal nostro. In particolare, esiste la possibilità di descrivere questo fenomeno dal punto di vista matematico con la relatività generale di Einstein, dove i buchi neri sono affiancati da oggetti altrettanto misteriosi, i *buchi bianchi*, che rappresentano l'esatto opposto. Un buco bianco è una singolarità, un punto di densità infinita da cui fuoriesce in continuazione materia e radiazione, impedendo a qualsiasi ente di entrarci e, se osservato dall'esterno, sarebbe simile all'origine dell'Universo, ovvero al Big Bang. Dunque, non è del tutto inconcepibile che un buco nero, osservato dal suo interno, possa essere l'inizio di un nuovo Cosmo attraverso il collegamento con un buco bianco. Ergo, secondo Smolin, il nostro Cosmo sarebbe il principio di tanti Universi quanti sono i buchi neri in esso contenuti. In questo momento interviene l'altro presupposto della teoria del fisico statunitense, secondo cui ogni volta che si crea un nuovo Universo, le sue condizioni di partenza cambiano casualmente e le sue leggi della fisica sono leggermente diverse rispetto a quelle dell'Universo madre. Queste variazioni richiamano le mutazioni casuali della biologia e, da qui, tale teoria prende il nome di *selezione naturale cosmologica.* In biologia l'evoluzione funziona perché gli organismi mutano in modo da accrescere le loro probabilità di sopravvivenza e di riproduzione, al fine di persistere e continuare la loro dominazione su un determinato luogo. Analogamente, secondo Smolin, gli Universi figli presentano delle variazioni delle leggi della fisica tali per cui loro stessi possano generarne degli altri in cui è presente un numero maggiore di buchi neri, selezionando i parametri fisici migliori per trasmettere la discendenza.

Come la teoria delle stringhe, anche l'idea di base che buchi neri possano produrre dei nuovi Universi è del tutto speculativa e indimostrata: proviene da alcuni scenari di gravità quantistica che siamo in grado di descrivere matematicamente, ma in cui non abbiamo ragione di credere. Tuttavia, ammettiamo che questo meccanismo sia fisicamente possibile. Quali vantaggi avrebbe la selezione naturale cosmologica? Il primo sarebbe quello di sganciare l'idea dell'esatto valore delle costanti della fisica dal principio antropico, in quanto non sarebbe indispensabile la presenza di osservatori per spiegare il valore delle costanti fisiche all'interno del nostro Universo. La selezione naturale cosmologica, infatti, non ha nulla a che fare con la nascita della vita, ma porta solamente a massimizzare la presenza di buchi neri. Secondo la teoria di Smolin, infatti, la nascita della vita non è una condizione necessaria, sarebbe solamente una conseguenza: un maggior numero di buchi neri implica un maggior numero di stelle, che a sua volta implica una maggiore probabilità di formazione di pianeti con condizioni adeguate alla prosperità di una specie. Il secondo vantaggio della selezione naturale cosmologica consiste nella possibilità di mettere alla prova delle previsioni che possano essere studiate nel nostro Universo, senza spostare l'attenzione su un multiverso di cui è impossibile l'osservazione.

L'idea di Smolin, per quanto possa essere affascinante, resta comunque più speculativa che vera e, come tutti i modelli della fisica teorica, è comunque molto utile per allenare la nostra mente a cercare un metodo di ricerca che ci spinga sempre più lontano, oltrepassando i limiti della nostra conoscenza.

Capitolo 6 - La chiave della conoscenza

La filosofia [della natura] è scritta in questo grandissimo libro che continuamente ci sta aperto dinanzi a gli occhi (io dico l'Universo), ma non si può intendere se prima non s'impara a intender la lingua, e conoscere i caratteri ne' quali è scritto

Galileo Galilei

6.1 - Massa ed Energia

$$E = m c^2$$

Quest'equazione è probabilmente la più famosa di tutta la storia della scienza. Scoperta da Einstein nel 1915, all'apparenza è molto semplice, ma il suo significato è talmente profondo e rivoluzionario che portò a conseguenze decisive sia in ambito fisico, sia in ambito storico.

Analizziamo i termini che la compongono:

-) *E*, ovvero energia. È una quantità che può essere trasferita da un corpo ad un altro e utilizzata per compiere un lavoro. Esistono diverse forme di energia: ad esempio quella cinetica, ovvero quella associata al moto degli oggetti all'interno dello spazio, o l'energia potenziale, legata al fatto che un oggetto si trova ad una certa quota in un campo gravitazionale. L'energia può trasformarsi da una forma all'altra: consideriamo ad esempio una cascata. L'acqua che scorre in cima ad essa, prima di raggiungere il precipizio, sarà dotata di una certa energia potenziale legata all'altezza della cascata; nel momento in cui osserviamo una goccia d'acqua cadere, possiamo notare che, durante il suo percorso, la sua velocità cresce nel tempo a causa dell'accelerazione di gravità, portando a un aumento della sua energia cinetica accompagnato da una conseguente riduzione della sua energia potenziale, dovuta alla diminuzione della sua quota.

Ergo, l'energia non si può né creare né distruggere, può solo cambiare forma e il suo valore totale deve conservarsi.

-) *m*, ovvero la massa, è una misura della quantità di materia che compone un determinato corpo. Non va confusa con il peso dell'oggetto, che invece è la forza con cui la massa viene attratta da un corpo celeste, come dal nostro pianeta. Se andassimo sulla Luna peseremmo di meno, ma la nostra massa rimarrebbe comunque la stessa.

Questa grandezza ha anche un altro significato, ovvero indica la difficoltà nell'accelerare un oggetto: nel momento in cui si applica la stessa forza a due corpi diversi, uno con massa doppia rispetto all'altro, quello con la massa maggiore subirà un'accelerazione pari alla metà di quella subita dal corpo meno massiccio. Spingere un carrello della spesa risulta, infatti, più semplice rispetto a spingere un'automobile, la quale ha una massa inerziale maggiore.

-) *c*, ovvero la velocità della luce. Essa rappresenta un limite fisico, invalicabile per ogni oggetto in moto nello spaziotempo, in quanto l'energia necessaria per accelerarlo cresce sempre di più man mano che ci si avvicina a questa velocità, velocità che sarebbe raggiungibile solo a patto di investire un'energia infinita. Dunque, solo le particelle prive di massa, ovvero i fotoni, possono raggiungere tale limite.

Quest'equazione deriva dalla teoria della relatività e afferma che massa ed energia sono entrambe manifestazioni della stessa entità, una concezione alquanto insolita da comprendere. Tuttavia, l'equazione soprastante, in cui

l'energia è posta uguale ad una massa, mostra che piccolissime porzioni di materia potrebbero essere convertite in una quantità di energia, e viceversa. Massa ed energia sono equivalenti: ogni volta che, attraverso qualsiasi tipo di interazione, viene liberata dell'energia, avviene una perdita di massa del sistema, anche quando accendiamo una lampadina. In questo caso, la perdita di massa è talmente minuscola da essere invisibile ai nostri occhi poiché la quantità di energia liberata è estremamente bassa e sarebbe inoltre divisa per il quadrato di c, un termine estremamente grande. Tuttavia, se analizzassimo scale di energia maggiori tale effetto sarebbe estremamente evidente: il Sole, ad esempio, a causa delle reazioni termonucleari che avvengono nel suo nucleo, perde circa quattro miliardi di chilogrammi in un secondo.
Ora che abbiamo compreso il significato di tale equazione, vediamo in che modo si ricava.

Dimostrazione:

Per ricavare questa equazione, si considera prima di tutto il vettore quantità di moto, definito come il prodotto tra lo scalare massa e il vettore velocità. Essendo in ambito relativistico, bisogna moltiplicare tutto per il fattore di Lorentz γ:

$$\vec{p}=\gamma m\vec{v} \tag{1.1}$$

Consideriamo, in generale, il lavoro compiuto da una forza *F* lungo un determinato percorso. L'elemento infinitesimo di questo lavoro sarà dato da:

$$dW=\vec{F}\cdot d\vec{s}$$

Il nostro obiettivo è il calcolo di una forza che in ambito relativistico sia costante, con una direzione parallela allo spostamento, in modo da poter sostituire tutti i vettori con i rispettivi scalari.
Inoltre sappiamo che una forza, secondo la meccanica classica, è pari alla derivata della quantità di moto fatta rispetto al tempo. Sostituendo e raccogliendo i differenziali si ottiene:

$$dW=\vec{F}\cdot d\vec{s}=\frac{d\vec{p}}{dt}\cdot d\vec{s}=d\vec{p}\cdot\vec{v}=dp\cdot v \tag{1.3}$$

Analizzando questa scrittura si può notare che un incremento infinitesimo di lavoro è direttamente proporzionale a un incremento infinitesimo di quantità di moto. Studiamo ora come varia questa quantità di moto, sapendo che il differenziale di una funzione f ad n variabili può essere visto nel seguente modo:

$$df=(x_1,\ldots,x_n)=\sum_i \frac{\partial f}{\partial x_i}\cdot dx_i$$

Applicando il criterio soprastante, si giunge alla seguente scrittura per il differenziale della quantità di moto:

$$dp=d(mv\gamma)=m\gamma dv+mvd\gamma$$

Dividendo il tutto per la quantità di moto stessa, tenendo in considerazione che la si può scrivere anche nel modo dettato dall'equazione 1.1, si ottiene che:

$$\frac{dp}{p}=\frac{dv}{v}+\frac{d\gamma}{\gamma} \qquad (1.5)$$

In particolare, l'ultimo termine, ovvero il rapporto tra il differenziale del fattore di Lorentz e il fattore di Lorentz stesso, può essere scritto come:

$$\frac{d\gamma}{\gamma}=\frac{1}{\gamma}\cdot d\left(\frac{1}{\sqrt{1-\frac{v^2}{c^2}}}\right)=\frac{\gamma^2}{c^2}v\cdot dv \tag{1.6}$$

Sostituendo quanto appena ottenuto all'interno dell'equazione 1.5 e attuando opportuni raccoglimenti, si ottiene la seguente scrittura:

$$\frac{dp}{p}=\frac{dv}{v}\cdot\gamma^2 \tag{1.7}$$

Abbiamo dunque ricavato che una variazione infinitesima di lavoro, proporzionale ad una variazione infinitesima della quantità di moto, è legata ad un incremento infinitesimo della velocità attraverso il quadrato del fattore di Lorentz.
Possiamo ora riscrivere il differenziale del lavoro utilizzando le relazioni appena ottenute. Sostituendo l'equazione 1.7 e 1.1 all'interno della 1.3, ottenendo che:

$$dW=F\cdot ds=dp\cdot v=\gamma^2\frac{dv}{v}\cdot p\cdot v=\gamma^2(m\gamma v)\cdot dv$$

Ovvero: $$dW=\gamma^3 mv\cdot dv \tag{1.9}$$

Dall'equazione 1.6 possiamo ricavare il cubo del fattore di Lorentz, per poi sostituirlo nell'ultima espressione trovata, la 1.9:

$$dW = mc^2 \cdot d\gamma \tag{1.10}$$

Si noti ora che la stessa variazione infinitesima di lavoro è legata ad una variazione infinitesima del fattore γ, dunque ad una variazione infinitesima di velocità (in quanto il fattore di Lorentz dipende solo da v), attraverso la costante mc^2. In particolare, m è la massa intrinseca dell'oggetto considerato e può essere vista come una massa a riposo.

Per risolvere l'equazione differenziale 1.10 si può procedere con una semplice integrazione, calcolando quindi il lavoro totale della forza F:

$$W = \int_0^W dW = \int_{\gamma_0}^{\gamma_f} mc^2 d\gamma \tag{1.11}$$

Dove γ_0 sarebbe il fattore di Lorentz calcolato per v nulle, ovvero un valore costante, pari ad 1.

Siccome nell'integrale 1.11 non compare la variabile di integrazione, il risultato è banalmente:

$$W = mc^2 \cdot (\gamma - 1)$$

Per il principio di conservazione dell'energia, sappiamo che tale lavoro coincide con l'energia cinetica K intrinseca al corpo considerato, in scrittura matematica:

$$K = mc^2 \cdot (\gamma - 1) = m\gamma c^2 - mc^2$$

Siccome mc^2 è un termine costante, possiamo esprimere l'energia totale del sistema con la seguente scrittura:

$$E_{tot} = K + mc^2 = m\gamma c^2 \tag{1.14}$$

Agendo in questo modo, siamo riusciti a scrivere l'energia totale di un corpo come somma di due contributi, uno cinetico e uno di riposo (mc^2).

Per velocità non relativistiche, nell'equazione 1.14 possiamo trascurare il fattore di Lorentz, giungendo all'equazione più famosa della storia della scienza:

$$E = mc^2$$

q.e.d.

6.2 - Pillole di calcolo tensoriale

È incredibile pensare come, attraverso l'uso di equazioni, simboli e teoremi si riesca a descrivere in maniera ottimale qualsiasi evento o situazione che possa accadere nella realtà. In particolare, è incredibile come Einstein sia riuscito a trovare un modo di legare la curvatura dello spaziotempo alla presenza di una massa proprio con delle nozioni matematiche. Da ora in avanti cercheremo di seguire il percorso che la sua mente ha tracciato per descrivere tale concetto, fino a giungere alle equazioni di campo della relatività generale e al loro significato, già in parte spiegato nel corso di questo libro. Si tratta di una matematica molto complicata e, per questo motivo, cercherò di ridurla all'osso rendendola il più semplice possibile, in modo che qualsiasi persona che abbia nozioni di calcolo infinitesimale, vettoriale e matriciale possa comprendere a pieno questi affascinanti concetti.
Prima di descrivere le equazioni di campo, è necessario addentrarsi nel potente calcolo tensoriale. Ci troviamo in un ambito della fisica piuttosto generale, in quanto i tensori sono oggetti matematici che descrivono la fisica in modo indipendente da chi la osserva, qualunque sia la sua

posizione nello spazio. Questi oggetti devono essere dunque invarianti tra diversi osservatori, ovvero invarianti per cambi di sistemi di riferimento e, in geometria, invarianti per cambiamento di base. I tensori, infatti, sono una generalizzazione dei vettori, i quali devono mantenere lo stesso modulo indipendentemente dalla base scelta per descriverli. Un vettore, ad esempio si può scrivere nel seguente modo, introducendo la *notazione di Einstein*:

$$\vec{v}=e_1+3e_2=\sum_{i=1}^{2} v^i e_i \xrightarrow{\textit{notazione di Einstein}} \vec{v}=v^i e_i$$

Secondo questo tipo di notazione, indici ripetuti alto e basso indicando una sommatoria su quel determinato indice. In particolare, gli indici posti in alto vengono definiti *controvarianti* e indicano le componenti di base dei vettori, mentre quelli *covarianti*, ovvero quelli collocati in basso, indicano i loro elementi di base. I tensori, oltre ad includere tutti i vettori appartenenti ad uno spazio vettoriale *V*, includono anche i *covettori*, ovvero tutte le applicazioni vettoriali che agiscono su *V*, appartenenti allo spazio *duale* *V** dello spazio vettoriale *V*. In altre parole, un covettore associa un vettore ad un numero reale *k*. È interessante notare come, nel momento in cui si applica un vettore ad un covettore, si ottiene una matrice, la quale è una mappa lineare che associa ad un vettore $\vec{v}$ un nuovo vettore $\vec{g}$.

$$\begin{bmatrix} v' \\ v'' \end{bmatrix} \begin{bmatrix} \alpha & \beta \end{bmatrix} = \begin{bmatrix} v'\alpha & v'\beta \\ v''\alpha & v''\beta \end{bmatrix}$$

Illustrazione dell'applicazione di un vettore ad un covettore, con il prodotto di Kronecker.

Dunque, nel momento in cui ad una matrice si associa sia un vettore sia un'applicazione lineare, ovvero un covettore, il risultato ottenuto sarà proprio uno scalare.

Il prodotto colonna-riga soprastante può essere scritto con la seguente notazione, denominata *prodotto tensoriale* (indicato con ⊗) tra un vettore e covettore:

$$v^i e_i \otimes \alpha_i \theta^i$$

In particolare, questo tipo di prodotto unisce lo spazio vettoriale e lo spazio duale in un unico spazio.

Un ulteriore concetto essenziale che serve per giungere alle equazioni di campo di Einstein è quello di *derivata covariante*, che rappresenta una generalizzazione del concetto di derivata, adattabile a spazi geometricamente curvi. Il concetto classico di derivata, ovvero intesa come il limite di un rapporto incrementale, non è utilizzabile in quanto non trasforma come un tensore, problema che viene risolto per l'appunto con la derivata covariante, permettendo di utilizzare operazioni tensoriali che sono invarianti in forma per cambio di sistema di riferimento. È possibile svolgere l'operazione di derivata covariante su un vettore, utilizzando il simbolo ∇ (nabla) seguito da un pedice che indica la direzione in cui svolgere la derivata covariante. Si può scrivere questo tipo di operazione come il prodotto tra una sua componente e la sua base, come nel seguente esempio:

$$\nabla \vec{v} = \nabla_k v^i \quad \theta^k \otimes e_i$$

Componente k della derivata covariante del vettore v in componente i

La sua componente sarà un tensore (1;1) in quanto presenta un indice covariante e uno controvariante. Per trovare questo valore possiamo sviluppare il vettore $\vec{v}$ usando la notazione di Einstein, applicando poi la regola classica di derivata considerando che, oltre alle componenti, potrebbero variare anche gli elementi di base:

$$\nabla \vec{v} = \nabla(v^i e_i) = d(v^i) \otimes e_i + v^i \cdot \underline{\nabla e_i}$$

Attenzione! Non è una vera derivata covariante!

Si noti come sia possibile applicare la regola di Leibniz di derivata classica nonostante l'intero contenuto tra le parentesi tonde è ciò che forma il tensore, in quanto le singole componenti possono essere trattate come funzioni ordinarie. Tra i primi due termini si utilizza un prodotto tensoriale, in quanto si sta lavorando con dei tensori, mentre tra gli ultimi due non è necessario il suo utilizzo: l'ultimo termine, in particolare, non è in realtà soggetto ad una vera derivata covariante poiché non è un tensore. Si può tuttavia dare una definizione, si dimostra che la derivata covariante di un vettore di base può essere scritta nel seguente modo:

$$\nabla \mathrm{e}_i = \Gamma^{j}_{k\,i}\ \theta^{k} \otimes \mathrm{e}_j$$

Coefficiente di connessione

Questa scrittura non è comunque un tensore: il coefficiente di connessione ha tre indici mentre il prodotto tensoriale solamente due

Il coefficiente di connessione è la parte necessaria che bisogna aggiungere alla derivata classica affinché, globalmente, il tutto si trasformi come un tensore, con il vantaggio che le equazioni della fisica sono le stesse per tutti i sistemi di riferimento. È importante sottolineare l'analogia tra la derivata classica e covariante: la prima, se posta uguale a zero, permette di calcolare i punti stazionari di una determinata funzione e la seconda, invece, *trasporta parallelamente* il vettore $\vec{v}$ in direzione del pedice di ∇.

Il concetto di trasporto parallelo è essenziale per ciò che vedremo successivamente, in quanto permetterà di descrivere la curvatura dello spaziotempo utilizzando un linguaggio matematico accompagnato da un ragionamento tanto semplice quanto affascinante. Per capire meglio questo concetto, consideriamo una curva e un vettore $\vec{v}$ applicato in un punto di essa. Il trasporto parallelo consiste nello spostare tale vettore lungo la curva, parallelamente a sé stesso, seguendo la direzione di un secondo vettore, in modo che il suo trasportato sia il più simile possibile a quello di riferimento, come nella seguente figura:

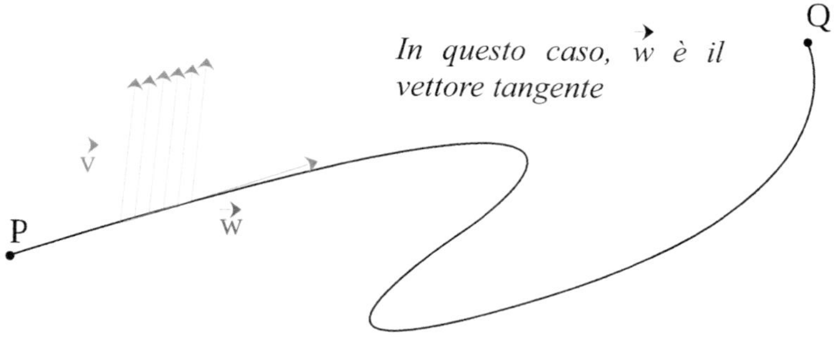

La curvatura di spazi tridimensionali, in particolare, è descritta dal *tensore di Riemann*, importantissimo in relatività generale e direttamente collegato alle derivate covarianti. Per descrivere la curvatura dello spaziotempo, il tensore di Riemann sfrutta il trasporto parallelo, appoggiandosi sul cambiamento di un vettore che si muove lungo un circuito chiuso su superfici tridimensionali. Per capire meglio questa geniale ma semplice idea serviamoci di un piano π: nel momento in cui disegniamo al suo interno un triangolo su cui applichiamo il trasporto parallelo, il vettore finale coinciderà sempre con il vettore iniziale, come nella seguente figura:

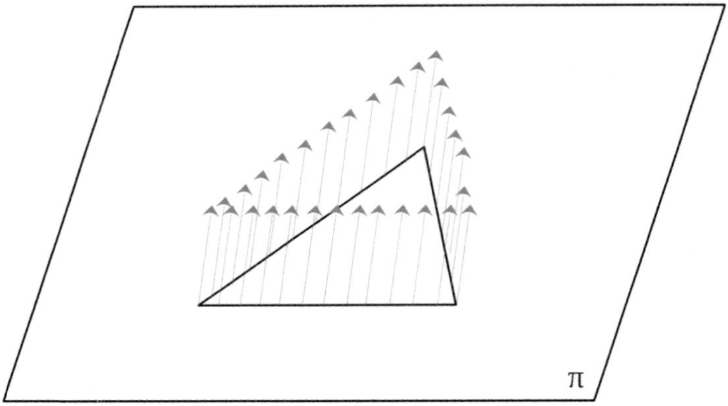

Si può notare che, qualsiasi punto del triangolo si scelga, attuando il trasporto parallelo si giunge sempre ad un vettore coincidente con quello di partenza.

Tuttavia, la situazione cambia nel momento in cui si passa da un piano a uno spazio tridimensionale, come nel caso di una sfera. In particolare, se considerassimo il trasporto parallelo lungo la direzione tangente alla sfera percorrendo un triangolo in tre dimensioni, si giungerebbe ad un punto in cui il vettore di partenza non coinciderà più con quello finale, come nel caso della figura seguente:

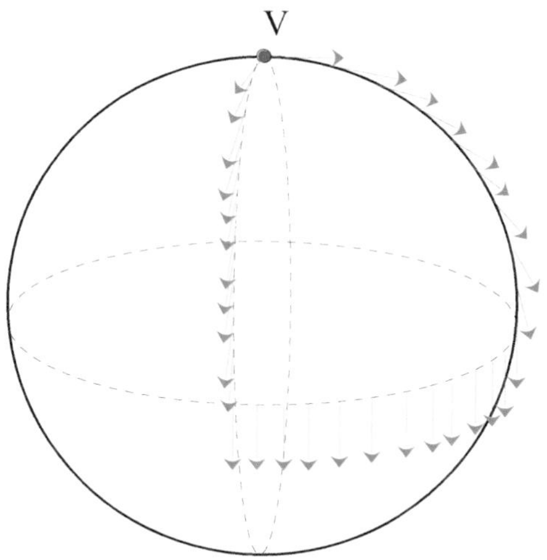

Si può notare che, scegliendo come punto di partenza V, attuando il trasporto parallelo non è possibile completare l'anello con una coincidenza del vettore iniziale e del vettore finale.

Ergo, se applicando il trasporto parallelo non abbiamo alcuna variazione del vettore interessato, significa che lo spazio su cui ci stiamo muovendo ha una geometria euclidea: la relazione è biunivoca. Nel caso tridimensionale, il tensore di Riemann quantifica la differenza tra il vettore di partenza e il vettore finale dovuta al trasporto parallelo, fornendo quindi informazioni sulla curvatura dello spazio su cui stiamo lavorando.

In particolare, questo tensore si indica con la lettera *R* ed è caratterizzato da un indice controvariante e da tre pedici covarianti: ciò significa che è possibile applicargli tre oggetti che sono singolarmente controvarianti, ovvero componenti di vettori, e uno covariante, ovvero la base di un vettore. Ergo, possiamo assegnare tre vettori al tensore di Riemann ricevendone in uscita solamente uno. A seguire un esempio di scrittura:

$$R^{\rho}_{\sigma\mu\nu}\, x^{\sigma}\, y^{\mu}\, z^{\nu}\, e_{\rho}$$

Gli ultimi due pedici, μ e ν, che riguardano i vettori y e z, indicano le direzioni in cui va effettuato il trasporto parallelo, mentre σ, associato ad x, indica il vettore da trasportare.

Per capire meglio la costruzione di Riemann serviamoci di un esempio: disegniamo sia i vettori che indicano la direzione del trasporto parallelo sia il vettore da trasportare.

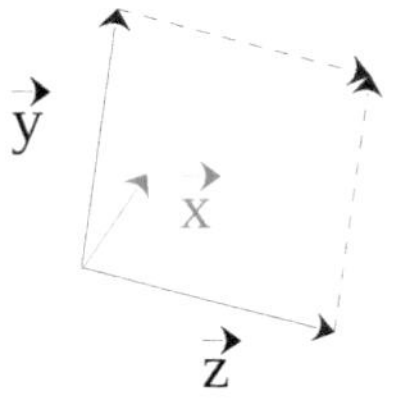

La genialità sta nel costruire un circuito chiuso a partire da questi due vettori, applicando in questo caso la regola del parallelogramma.

Effettuando il trasporto parallelo su x, possiamo andare a verificare l'eventuale presenza di curvatura.

Effettuando un limite infinitesimo sul circuito chiuso, il tutto si può scrivere nel seguente modo:

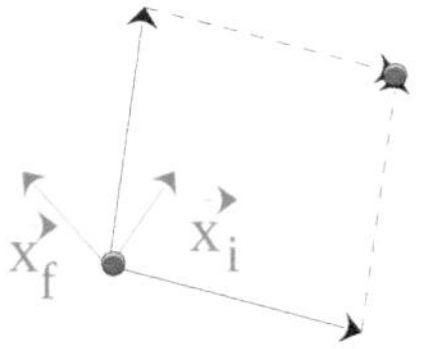

$$\nabla_z \nabla_y \vec{x} - \nabla_y \nabla_z \vec{x} = \vec{x}_i - \vec{x}_f$$

Il segno negativo sta ad indicare che, nel percorrere il circuito, si procede una volta in verso opposto a quello dei vettori considerati. La differenza tra il vettore iniziale e finale, come già visto, indica la presenza di curvatura: se tale differenza fosse nulla, significherebbe che lo spazio su cui ci stiamo muovendo è uno spazio euclideo.

Possiamo dunque definire il tensore di Riemann come:

$$R(\vec{z},\vec{y})\vec{x}=\vec{w}$$

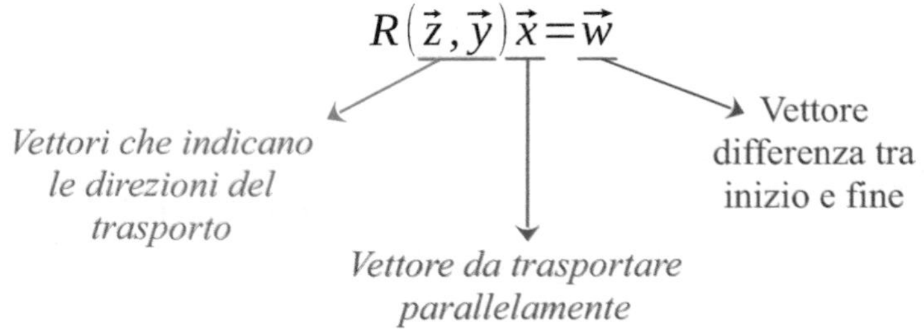

6.3 - Equazioni di campo di Einstein

Dopo aver fornito delle nozioni indispensabili di calcolo tensoriale, siamo dunque pronti per ricavare le equazioni di campo di Einstein della relatività generale, ovvero equazioni che descrivono in che modo massa ed energia curvano lo spaziotempo e, di conseguenza, come questa deformazione deflette le traiettorie degli oggetti che si muovono all'interno di esso.

Tutto gioca sul concetto di geodetica, che rappresenta la curva più breve congiungente due punti dello spazio.

In relatività generale, quando consideriamo due corpi liberi di muoversi all'interno dello spaziotempo, stiamo considerando due corpi che si muovono cercando di compiere un percorso che sia il più rettilineo possibile: di conseguenza, quando misuriamo la distanza che li separa, stiamo misurando la distanza tra due geodetiche. L'accelerazione relativa tra i due oggetti non è dunque causata da una forza, bensì da una curvatura dello spaziotempo. Consideriamo, ad esempio, la seguente figura:

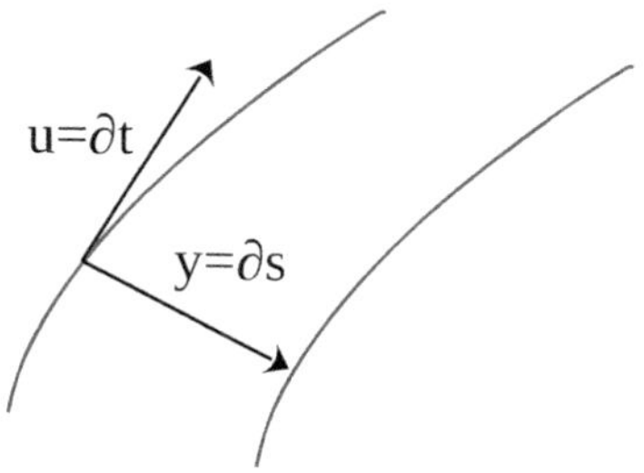

Rappresentazione di due geodetiche, il vettore di modulo y rappresenta la distanza che le separa

Possiamo ricavare il valore dell'accelerazione relativa tra le due geodetiche, effettuando due volte una derivata covariante su y.

$$a = \nabla\ \nabla_u y_u$$

Consideriamo ora due corpi. La posizione del primo è descritta da una variabile *x(t)*, dipendente dal tempo, mentre il secondo è situato ad una distanza relativa *y(t)* dal primo corpo. Grazie a Newton, sappiamo che l'accelerazione della componente *k* di una posizione in un campo gravitazionale è data dall'opposto del gradiente del potenziale ϕ.

Dunque, rispettivamente per i due corpi si ha che:

$$\vec{F} = m\vec{a} = -m\vec{\nabla}\,\phi$$

Ergo, riscrivendo l'accelerazione:

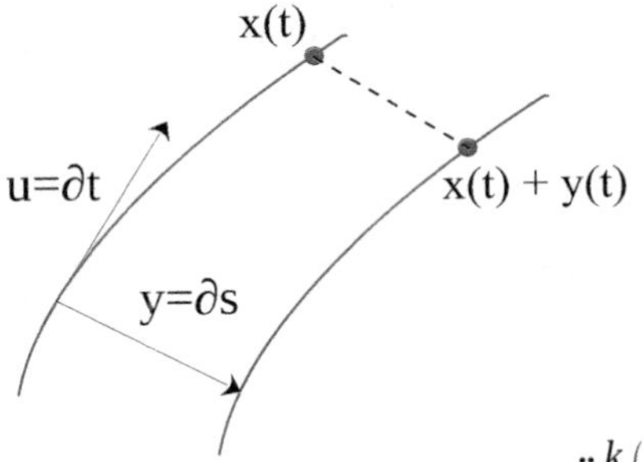

$$\ddot{x}^k(t) = -\partial_k \phi(x)$$

Da cui:

$$\ddot{x}^k(t) + \ddot{y}^k(t) = -\partial_k \phi(x+y)$$

Se supponiamo che i due corpi siano molto vicini, ovvero se y assuma un valore molto piccolo, il termine $-\partial\phi(x+y)$ è valutato in x, a cui è sommato un termine infinitesimo. Ciò permette il suo sviluppo in serie di Taylor, ottenendo il seguente risultato:

$$\ddot{x}^k(t) + \ddot{y}^k(t) = -\partial_k \phi(x+y) = -\partial_k \phi(x) - \partial_i \partial_k \phi(x) \cdot y^i$$

Si può notare che i termini $\ddot{x}^k(t)$ e $-\partial_k \phi(x)$ sono equivalenti e, di conseguenza, possono essere semplificati. L'accelerazione relativa tra due corpi in un campo gravitazionale, di conseguenza, risulta:

$$\ddot{y}^k(t) = -y^i \cdot \partial_i \partial_k \phi(x) \tag{3.3}$$

Trasferendoci ora in campo relativistico, si può dimostrare che l'accelerazione relativa tra due geodetiche è descritta dalla seguente relazione che utilizza il tensore di Riemann:

$$a^\rho = R^\rho_{\sigma\mu\nu} u^\mu y^\nu w^\sigma \tag{3.4}$$

È possibile notare come sia nell'equazione 3.3 sia nell'equazione 3.4 compare il termine y che, come abbiamo visto, identifica la distanza tra le due geodetiche. Ciò suggerisce la presenza di un legame tra curvatura e campo gravitazionale, il quale è generato da una densità di energia. Ergo, c'è un legame tra curvatura ed energia. Per legare queste due entità si ricorre alla *legge di Poissont*, che descrive l'uguaglianza tra il laplaciano del campo gravitazionale e il termine della densità di massa, moltiplicata per 4π:

Legge di Poissont: $\nabla^2 \phi = 4\pi\rho$

Si noti come il termine densità ρ in realtà è anche una densità di energia, in quanto massa ed energia sono legate da una costante unitaria, come abbiamo visto all'inizio di questo capitolo.

Dalle conoscenze di Analisi II, sappiamo che il laplaciano è la derivata seconda tra due componenti uguali, di conseguenza possiamo riscrivere la legge di Poissont nel seguente modo:

$$\partial_k \partial_k = 4 \pi \rho$$

Miriamo dunque a sostituire la derivata i-esima ∂_i dell'equazione 3.3 con la derivata k-esima ∂_k, in modo da ottenere un laplaciano. In particolare, se l'indice i e l'indice k dell'equazione 3.3 devono essere uguali, allora l'indice ν dell'equazione 3.4, che è legato alla y dell'equazione 3.3, deve necessariamente essere uguale all'indice k della derivata, il quale a sua volta è l'indice dell'accelerazione relativa dell'equazione 3.3. Tuttavia, nell'equazione 3.4 l'indice dell'accelerazione relativa è ρ. Ergo, $\nu = \rho$.

Prima di procedere, è importante notare che l'equazione 3.3 è dotata di indici che sono puramente spaziali, in quanto stiamo lavorando nel campo della fisica newtoniana, mentre l'equazione 3.4 ha indici spaziotemporali. Per eseguire in confronto corretto tra le due equazioni, dobbiamo dunque rendere la 3.3 covariante, ovvero dotata di indici spaziotemporali. Uguagliando le due equazioni termine a termine, tenendo in considerazione che $\nu = \rho$ si ottiene la seguente scrittura:

$$R^{\rho}_{\sigma\mu\rho} u^{\mu} w^{\sigma} = -4\pi\rho$$

Sfruttiamo ora una proprietà del tensore di Riemann, ovvero l'antisimmetria sotto scambio degli ultimi due indici, ottenendo che:

$$-R^{\rho}_{\sigma\rho\mu} u^{\mu} w^{\sigma} = -4\pi\rho$$

Questo passaggio, oltre a semplificare i segni negativi dei membri dell'equazione, permette anche di avere l'indice covariante centrale uguale a quello controvariante, il che equivale ad eseguire la traccia del tensore di Riemann.
Ciò che si ottiene è un nuovo tensore, chiamato *tensore di Ricci*, ovvero $R_{\sigma\mu}$, che è dotato solamente di due indici covarianti.

$$R_{\sigma\mu} = R^{\rho}_{\sigma\rho\mu} u^{\mu} w^{\sigma} = 4\pi\rho \qquad (3.8)$$

Attualmente miriamo a scrivere il tutto sotto forma di un'equazione tensoriale: ciò è possibile qualora riscrivessimo la densità di massa (di energia) utilizzando il *tensore Energia-Impulso*. Di questo, essendo un tensore, possiamo rappresentarne le componenti attraverso l'utilizzo di una matrice diagonale che, in un sistema di riferimento inerziale, è composta nel seguente modo:

$$T_{\sigma\mu} = \begin{bmatrix} \rho & 0 & 0 & 0 \\ 0 & p & 0 & 0 \\ 0 & 0 & p & 0 \\ 0 & 0 & 0 & p \end{bmatrix}$$

Tensore Energia-Impulso. Nel caso di sistemi di riferimento non inerziali, la matrice non è più diagonale, in quanto variano le componenti del tensore.

In particolare, questo tensore indica flussi di quantità di moto, flussi di energia e di pressioni (e dunque forze per unità di superficie). L'utilizzo di questo tensore permette di raggruppare tutte le quantità che si conservano, in modo da descrivere completamente e in maniera perfetta un sistema di *n* particelle.

Si può dimostrare che per estrarre ρ, ovvero la densità di energia, si può ricorrere al tensore Energia-Impulso di un fluido perfetto, ovvero un fluido privo di viscosità e di conducibilità termica, ottenendo la seguente relazione:

$$\rho = T_{\sigma\mu} u^{\mu} w^{\sigma} \tag{3.9}$$

Sostituendo l'equazione 3.9 nell'equazione 3.8 si possono effettuare delle semplificazioni, ottenendo la seguente equazione tensoriale:

$$R_{\sigma\mu} = 4\pi \cdot T_{\sigma\mu} \tag{3.10}$$

Siamo dunque riusciti a legare la curvatura dello spaziotempo, descritta dalla traccia del tensore di Riemann, a un tensore che descrive la distribuzione di energia all'interno di esso. In generale, sappiamo che la conservazione dell'energia può essere espressa attraverso l'utilizzo di derivate: infatti se la derivata di una funzione fosse nulla significherebbe che tale funzione assume un valore costante nel suo dominio.
Questo ragionamento può essere effettuato anche sull'equazione 3.10, utilizzando delle derivate covarianti per far sì che il tensore Energia-Impulso si debba conservare, ovvero che flussi di energia e di quantità di moto si debbano conservare, ovvero che energia e quantità di moto si debbano conservare. Tuttavia, procedendo in questo modo, si otterrebbe che la divergenza covariante del tensore di

Ricci è nulla, il che significa che lo spazio su cui stiamo lavorando è caratterizzato da una curvatura costante, giungendo ad un assurdo che implicherebbe una distribuzione uniforme di energia in tutto l'Universo. Per procedere, è dunque necessario introdurre un nuovo tensore, chiamato *tensore di Einstein*:

$$G_{\mu\nu} = R_{\mu\nu} - \frac{1}{2} \cdot R \cdot g_{\mu\nu}$$

Dove R è lo *scalare di curvatura*, ovvero la traccia del tensore di Ricci; mentre $g_{\mu\nu}$ è il *tensore metrico*, ovvero un tensore che descrive il modo con cui si svolgono i prodotti scalari in uno spazio curvo, collegando uno spazio vettoriale al suo corrispondente spazio duale.

Utilizzando questo tensore al posto di quello di Ricci, effettuando dei limiti su piccolissime energie, su piccolissime velocità e riconducendoci al limite newtoniano di uno spazio piatto, si può dimostrare che è valida la seguente relazione:

$$R_{\mu\nu} - \frac{1}{2} \cdot R \cdot g_{\mu\nu} = \frac{8\pi G}{c^4} T_{\mu\nu}$$

Essa prende il nome di *equazione del campo di Einstein* e vede al suo interno il tensore di curvatura di Ricci, la sua traccia calcolata rispetto al tensore metrico, il tensore Energia-Impulso e diverse costanti come la velocità della luce c e quella di gravitazione universale G.
L'apparente eleganza della relazione non deve trarre in inganno: si tratta in realtà di un modo compatto di scrivere un sistema di dieci equazioni, strettamente interconnesse, che risultano molto difficili da risolvere. Tuttavia, grazie a queste equazioni, siamo in grado di descrivere l'interazione tra massa ed energia, tra spazio e tempo, a partire da un gruppo di atomi fino a un buco nero supermassiccio. Grazie a calcoli molto complessi basati su queste equazioni possiamo analizzare, ad esempio, le onde gravitazionali create durante la fusione di due buchi neri, o dare origine a numerosi modelli cosmologici, come la soluzione di Lemaitre, che portò alla formulazione della teoria del Big Bang.
Grazie alla matematica siamo dunque in grado di sviluppare dei modelli cosmologici che permettano di ampliare gli orizzonti della nostra conoscenza, ma non solo in campo astrofisico. La matematica, infatti, viene in soccorso anche per studiare numerosissimi problemi di attualità, come

quello legato al cambiamento climatico. I processi legati al flusso di energia solare che investe il nostro pianeta, ovvero l'assorbimento e la diffusione della luce dovuta alla presenza di molecole presenti nell'atmosfera terrestre, sono noti con estrema precisione e, aumentando l'accuratezza dei calcoli in parallelo al numero di parametri coinvolti, siamo in grado di sviluppare dei modelli che prevedano complessi fenomeni caratterizzanti il clima del nostro pianeta.

Epilogo

"Ogni cosa che puoi immaginare, la natura l'ha già creata."

Con queste parole, Albert Einstein aveva ancora una volta perfettamente ragione: nel corso di questo libro abbiamo appreso moltissime nozioni che riguardano l'Universo, dalla sua origine al suo destino, da ciò che possiamo osservare a ciò che invece è invisibile, da ciò che riusciamo a immaginare a ciò che va oltre la nostra mente. Abbiamo studiato meraviglie e fenomeni tanto estremi da sembrarci surreali, viaggiando tra le stelle attraverso uno spazio infinito, descritto in maniera perfetta da un linguaggio matematico. Spero che questo cammino abbia fatto riflettere tutti i lettori su un concetto in particolare: siamo parte di un qualcosa che è molto più grande di noi, molto più grande delle nostre vicende quotidiane e di una complessità infinitamente maggiore. Un ramo dell'astronomia, quello dedicato alla ricerca di vita extraterrestre, spero abbia fatto riflettere sull'importanza del delicato equilibrio naturale che governa la Terra, un pianeta unico e speciale, il luogo dove siamo nati e che ci ha accudito da sempre, il posto in cui vivono le nostre famiglie e i nostri cari, un dono prezioso che dobbiamo preservare. Studiando astronomia e tutto quello che esiste al di là del cielo, ho capito quanto siamo fortunati a vivere qui, in questo piccolo paradiso.

Desidererei che l'uomo comprendesse quanta responsabilità tiene nelle sue mani: la cura della Terra e della sua biodiversità, la salvaguardia dell'ambiente e la protezione della fauna, la vita e la necessità di vincere la lotta contro il cambiamento climatico di cui l'uomo stesso è artefice. Proprio a questo proposito sto investendo anni della mia vita nello studio, con il desiderio di aiutare la rinascita del nostro pianeta attraverso la transizione energetica e lo sviluppo di nuove tecnologie che rispettino la salute della Terra. Chiunque può dare un contributo a tutto questo, anche con piccoli gesti come il riciclo degli oggetti, evitando così l'abbandono di rifiuti, o uscendo dalla propria comfort zone sostituendo, quando possibile, la comodità dell'automobile a una passeggiata o all'utilizzo di biciclette, fornendo benefici anche alla nostra stessa salute, oltre che a quella del nostro pianeta, della nostra dolce casa.

Bibliografia

Per la stesura e la realizzazione di questo libro, sono state lette e consultate le seguenti opere, rispettando per ognuna tutti i diritti d'autore.

1. J. Richard Gott, *La ragnatela cosmica: la misteriosa architettura dell'Universo*

2. Stephen W. Hawking, *La teoria del tutto. Origine e destino del nostro Universo*

3. Stephen W. Hawking, *La grande storia del tempo,. Un nuovo viaggio dal Big Bang ai buchi neri*

4. Carlo Rovelli, *L'ordine del tempo*

5. Albert Einstein, *Relatività. Esposizione divulgativa*

6. Alessio Mangoni, *Fisica quantistica. L'atomo, le particelle elementari, le forze fondamentali*

7. Ugo Arnaldi, *Sempre più veloci*

8. Stephen W. Hawking, *Le mie risposte alle grandi domande*

9. Stephen W. Hawking, *Dal Big Bang ai buchi neri. Breve storia del tempo*

10. Stephen W. Hawking, *Dove il tempo si ferma. La nuova teoria sui buchi neri*

11. Stephen W. Hawking, *La natura dello spazio e del tempo. Cosa la mente umana può comprendere del nostro Universo*

12. Steven Strogatz, *Il potere dell'infinito. L'Universo raccontato dal calcolo infinitesimale*

13. Collana "Una passeggiata del Cosmo", *La materia oscura*

14. Amedeo Balbi, *Inseguendo un raggio di luce. Alla scoperta della teoria della relatività*

15. Amedeo Balbi, *La musica del Big Bang. Come la radiazione cosmica di fondo ci ha svelato i segreti dell'Universo*

16. Amedeo Balbi, *Su un altro pianeta. C'è un futuro per l'umanità fuori dalla Terra?*

17. Daniel F. Styler, *Capire davvero la relatività*

18. Albert Einstein, *Come io vedo il mondo*

19. *Corso universitario di relatività generale*

20. *Corso universitario di fisica sperimentale I e di fisica sperimentale II*

21. Gabriele Ghisellini, *Il filo rosso della fisica moderna*

22. Gabriele Ghisellini, *Astrofisica per curiosi. Breve storia dell'Universo*

23. *Conferenze divulgative sulla vita extraterrestre del prof. Amedeo Balbi*

25. *Conferenze divulgative del prof. Gabriele Ghisellini*

26. R.R. Caldwell, *A Phantom Menace? Cosmological Consequences of a Dark Energy Component with Super-Negative Equation of State*

27. W. De Sitter, *Einstein's Theory of Gravitation and its Astronomical Consequences*

28. Albert Einstein, *Pensieri di un uomo curioso*

27. Greene, Brian, *L'Universo elegante. Superstringhe, dimensioni nascoste e la ricerca della teoria ultima*

29. Carlo Rovelli, *Buchi bianchi*

30. Roberto Battiston, *L'alfabeto della natura. La lezione della scienza per interpretare la realtà*

31. Carlo Rovelli, *Relatività generale. Una semplice introduzione. Idee, struttura concettuale, buchi neri, onde gravitazionali, cosmologia e cenni di gravità quantistica*

Printed in Great Britain
by Amazon

33103286R00119